发电企业安全教育培训教材

作业现场安全常识

托克托发电公司　编

中国电力出版社
CHINA ELECTRIC POWER PRESS

内 容 提 要

本书为《发电企业安全教育培训教材》之一。针对电力基层员工量身定做，内容紧密结合安全工作实际，不以居高临下教育者的姿态，而以读者喜闻乐见的语言、生动形象的图片、结合现场的工作实例，巧妙地将安全与日常工作结合在一起。追求"不是我要你安全，而是你自己想安全"的效果。本书共七章，主要内容包括进入现场须知、电力安全工器具、现场作业安全知识、消防安全常识、应急救援安全常识、职业病预防常识及人身伤亡事故典型案例分析。

本书是开展安全教育培训、增强员工安全意识、切实提高安全技能的首选教材，也可供电力基层班组安全员及安全监督人员及相关人员学习参考。

图书在版编目（CIP）数据

作业现场安全常识/托克托发电公司编. —北京：中国电力出版社，2018.1
（2019.12重印）发电企业安全教育培训教材
ISBN 978-7-5198-1089-4

Ⅰ.①作… Ⅱ.①托… Ⅲ.①发电厂–安全生产–安全培训–教材 Ⅳ.①TM62

中国版本图书馆CIP数据核字（2017）第 206629号

出版发行：中国电力出版社
地　　址：北京市东城区北京站西街 19 号（邮政编码 100005）
网　　址：http://www.cepp.sgcc.com.cn
责任编辑：宋红梅（010-63412383）盛兆亮
责任校对：王小鹏
装帧设计：张俊霞　赵姗姗
责任印制：蔺义舟

印　　刷：三河市万龙印装有限公司
版　　次：2018 年 1 月第一版
印　　次：2019 年 12 月北京第二次印刷
开　　本：880 毫米 × 1230 毫米　32 开本
印　　张：5.375　5.3
字　　数：128 千字
印　　数：2001-3500 册
定　　价：**30.00 元**

编审委员会

本书为《发电企业安全教育培训教材》之一。

电力作业现场工种多，环境复杂，安全风险高。作业现场一旦发生事故，可能对作业人员的身体造成伤害，还可能损坏电力设备，甚至引发电网事故，给企业带来经济损失，影响电力正常供应。因此，做好作业现场的安全管控，始终是电力企业安全管理工作的重中之重。只有对作业人员进行岗前培训、考试，使其具备相应的专业知识和安全防护能力。同时，严格落实现场组织措施、安全措施和技术措施，才能保障现场作业安全。

本书针对电力基层员工量身定做，内容紧密结合安全工作实际，用读者喜闻乐见的语言、生动形象的图片，结合现场的工作实例，巧妙地将安全与日常工作结合在一起。为开展安全教育培训、增强员工安全意识、切实提高安全技能提供理论指导，可供电力基层班组安全员、安全监督人员及相关人员学习使用。

本书共七章。第一章进入现场须知，主要讲述人员资质与防护用具、作业现场要求和标志、现场人员安全要求；第二章电力安全工器具，主要讲述个体防护装备、绝缘安全工器具、安全防护设施和电力安全工器具管理；第三章现场作业安全知识，主要讲述电气作业、高处作业、焊接与切割作业及起重作业安全；第四章消防安全常识，主要讲述消防基本常识、常用灭火器材、正压式空气呼吸器使用、初起火灾应对与火场逃生；第五章应急救援安全常识，主要讲述应急救援基本常识、触电急救、创伤与骨折救护、中毒及中暑急救、烧伤及冻伤急救；第六章职业病预防常识，主要介绍职业病的概念和分类，常见生产性粉尘及尘肺，生产性毒物及职业中毒，物理性职业危害因素及所致职业病；第七章人身伤亡事故典型案例分析，结合事故案例进行解读，并配有插图，通俗易懂。

限于编者水平，书中难免存在不足或疏漏，恳请广大读者批评指正。

编者

2017 年 7 月

目　录

第一章 进入现场须知

第一节 人员资质与防护用具

一、人员资质

1．作业人员基本条件

作业人员应具备以下基本条件：

（1）应经医师鉴定，无妨碍工作的病症（一般每两年至少一次体检，高处作业人员应每年进行一次体检）。

（2）应具备必要的电气知识、业务技能和安全生产知识。

（3）学会自救呼救方法，清楚疏散和现场紧急情况的处理方式，熟练掌握触电现场急救方法，掌握消防器材的使用方法。

2．特殊岗位条件

特殊岗位工作人员应具备以下条件：

（1）生产岗位班组长应每年进行安全知识、现场安全管理、现场安全风险管控等培训，考试合格后方可上岗。

（2）定期对工作票签发人、工作负责人、工作许可人以及倒闸操作发令人、受令人、操作人员（包括监护人）进行培训，经考试合格后，书面公布有资格担任人员的名单。

（3）企业主要负责人、安全生产管理人员、特种作业人员应由取得相

应资质的安全培训机构进行培训，并持证上岗。发生或造成人员死亡事故的，其主要负责人和安全生产管理人员应当重新参加安全培训。对造成人员死亡事故负有直接责任的特种作业人员，应当重新参加安全培训。

3．新人员教育和培训

（1）新入单位的人员（含实习、代培人员），应进行安全教育培训，经《电力安全工作规程》考试合格后方可进入生产现场参加指定的工作，并且不得单独工作。

（2）新上岗生产人员应当经过下列培训，并经考试合格后上岗：

1）生产人员（含技术人员），应经检修、试验规程的学习和至少2个月的跟班实习。

2）特种作业人员，应经专门培训，并经考试合格取得资格证、单位书面批准后，方能参加相应作业。

4．各类人员教育和培训

（1）各类作业人员应接受相应的安全生产教育和岗位技能培训，经考试合格方可上岗。

（2）外用工作人员必须经过安全知识和安全规程的培训，并经考试合格后方可上岗。

（3）生产人员调换岗位或其岗位面临新工艺、新技术、新设备、新材料时，应当对其进行专门的安全教育和培训，经考试合格后，方可上岗。

（4）因故间断电气工作连续3个月以上者，应重新学习《电力安全工作规程》，并经考试合格后，方可再上岗。

（5）离开特种作业岗位6个月的作业人员，应重新进行实际操作考试，经确认合格后方可上岗作业。

▎二、防护用品

1．个体防护装备

（1）进入作业现场应正确佩戴安全帽。针对不同的生产场所，根据安全帽产品说明选择适用的安全帽。带电作业时应佩戴带电作业用安全帽。

（2）从事高处作业的人员应佩戴安全带，在杆塔上作业时，应使用有后备绳或速差自锁器的双控背带式安全带，当后保护绳超过 3m 应使用缓冲器。

（3）现场作业人员应穿全棉长袖工作服、绝缘鞋（靴），不得穿化纤衣服，且衣裤应无破损。严禁穿拖鞋、凉鞋、高跟鞋以及短裤、裙子等进入施工现场。

（4）从事高压电气作业的施工人员应配备相应等级的绝缘鞋（靴）、绝缘手套和有色防护眼镜，必要时配备防静电服（屏蔽服）。从事手持电动工具作业的作业人员应配备绝缘鞋（靴）、绝缘手套和防护眼镜。

（5）从事机械作业的女工及长发者应配备工作帽。从事防水、防腐和油漆作业的施工人员应配备防毒面罩、防护手套和防护眼镜。钻床操作人员应穿工作服、扎紧袖口，工作时不得戴手套，头发、发辫应盘入帽内。

（6）从事焊接、气割作业的作业人员应配备阻燃防护服、绝缘鞋（靴）、绝缘手套、防护面罩、防护眼镜。在高处进行焊接、气割作业时，应配备安全帽与面罩连接式焊接防护面罩和阻燃安全带。

（7）从事坑井、深沟下作业的施工人员应配备雨靴、手套、保安照明（或手电）、安全绳等。从事混凝土浇筑、振捣作业的施工人员应配备胶鞋（或绝缘鞋）和手套（或绝缘手套）。

（8）从事水上运输或跨越江河、湖泊架线作业的施工人员应配备救生衣。

（9）冬季施工期间或作业环境温度较低时，应为作业人员配备防寒

类防护用品。雨期施工应为室外作业人员配备雨衣、雨鞋等防护用品。

2．安全帽

安全帽实行分色管理，外来参观人员一般戴白色安全帽，管理人员一般戴红色安全帽，运维人员一般戴黄色安全帽，检修、试验人员一般戴蓝色安全帽。使用安全帽的注意事项有：

（1）使用前检查。使用前应进行外观检查，不合格的不准使用。检查要求如下：

1）永久标识和产品说明等标识清晰完整，安全帽的帽壳、帽衬（帽箍、吸汗带、缓冲垫及衬带）、帽箍扣、下颚带等组件完好无缺失。

2）帽壳内外表面应平整光滑，无划痕、裂缝和孔洞，无灼伤、冲击痕迹。

3）帽衬与帽壳连接牢固，后箍、锁紧卡等开闭调节灵活，卡位牢固。

4）带电作业用安全帽的产品名称、制造厂名、生产日期及带电作业用（双三角）符号等永久性标识清晰完整。

（2）使用要求。安全帽使用有以下要求：

1）针对不同的生产场所，根据安全帽产品说明选择适用的安全帽。

2）安全帽戴好后，应将帽箍扣调整到合适的位置，锁紧下颚带，防止工作中前倾后仰或其他原因造成滑落。

3）受过一次强冲击或做过试验的安全帽不能继续使用，应予以报废。

4）带电作业时应佩戴带电作业用安全帽。

5）高压近电报警安全帽使用前应检查其声响部分是否良好，但不得作为无电的依据。

3．安全带

（1）使用前应进行外观检查，不合格的不准使用。检查要求如下：

1）商标、合格证和检验证等标识清晰完整，各部件完整无缺失、无伤残破损。

2）腰带、围杆带、肩带、腿带等带体无灼伤、脆裂及霉变，表面不应有明显磨损及切口；围杆绳、安全绳无灼伤、脆裂、断股及霉变，各股松紧一致，绳子应无扭结；护腰带接触腰的部分应垫有柔软材料，边缘圆滑无角。

3）织带折头连接应使用缝线，不应使用铆钉、胶粘、热合等工艺，缝线颜色与织带应有区分。

4）金属配件表面光洁，无裂纹、无严重锈蚀和目测可见的变形，配件边缘应呈圆弧形；金属环类零件不允许使用焊接，不应留有开口。

5）金属挂钩等连接器应有保险装置，应在两个及以上明确的动作下才能打开，且操作灵活。钩体和钩舌的咬口必须完整，两者不得偏斜。各调节装置应灵活可靠。

（2）使用要求。安全带使用有以下要求：

1）围杆作业安全带一般使用期限为3年，区域限制安全带和坠落悬挂安全带使用期限为5年，如发生坠落事故，则应由专人进行检查，如有影响性能的损伤，则应立即更换。

2）应正确选用安全带，其功能应符合现场作业要求，如需多种条件下使用，在保证安全的前提下，可选用组合式安全带（区域限制安全带、围杆作业安全带、坠落悬挂安全带等的组合）。

3）安全带穿戴好后应仔细检查连接扣或调节扣，确保各处绳扣连接牢固。

4）在电焊作业或其他有火花、熔融源等场所使用的安全带或安全绳，应有隔热防磨套。

5）登杆前，应进行围杆带和后备绳的试拉，无异常方可使用。

4．特殊环境防护用具

（1）在有尘毒危害环境下作业的人员应配备防毒面具（或正压式空

气呼吸器）、防尘口罩、密闭式防护眼镜和防护手套。

（2）SF$_6$ 电气设备解体检修时，检修人员需穿着 SF$_6$ 防护服并根据需要佩戴防毒面具或正压式空气呼吸器。取出吸附剂和清除粉尘时，检修人员应戴防毒面具或正压式空气呼吸器和防护手套。

SF$_6$ 配电装置发生大量泄漏等紧急情况时，人员应迅速撤出现场，开启所有排风机进行排风。未佩戴防毒面具或正压式空气呼吸器的人员禁止入内。只有经过充分的自然排风或强制排风后，人员才准进入。

（3）在通风条件不良的电缆隧（沟）道内进行长距离巡视时，工作人员应携带便携式有害气体测试仪及自救呼吸器。

（4）安装、搬运蓄电池以及在其他接触酸碱物的场所作业时，作业人员应戴耐酸手套、耐酸围裙，穿耐酸服、耐酸靴。

（5）高温作业人员近火作业时应穿防火服。

（6）在光纤回路上工作时，应采取相应防护措施，防止激光对人眼造成伤害。

（7）对于放射工作场所和放射性同位素的运输、储存，用人单位必须配置防护设备和报警装置，保证接触放射线的作业人员佩戴个人剂量计。

第二节　作业现场要求

一、作业车辆、设备要求

1. 一般要求

（1）作业前应对车辆进行检查，确保车况良好。严禁无证和酒后驾驶。严禁超速、超重运输，载物应捆绑牢固，严禁人货混装和自卸车载人。

（2）作业车辆（吊车、斗臂车等）的操作人员应列入工作班成员中，开工前和其他作业班组人员一样履行交底签名手续。

（3）现场的机动车辆应限速行驶，时速一般不得超过 15km/h。机动车辆行驶沿途的路旁应设交通指示标志，危险地区应设"危险"或"禁止通行"等警告标志，夜间应设红灯示警。场地狭小、运输繁忙的地点应设临时交通指挥。

2．起重设备要求

（1）起重设备需经检验检测机构检验合格，并在特种设备安全监督管理部门登记。否则，不能进入现场作业。起吊前，应核算起重设备、吊索具和其他起重工具的工作负荷，不允许超过铭牌规定。

（2）各种起重设备的安装、使用以及检查、试验等，除应遵守《电力安全工作规程》外，并应执行国家、行业的相关规定、规程和技术标准。

二、材料、设备及工具的堆放与保管

1．一般要求

（1）材料、设备应按施工总平面布置规定的地点堆放整齐，并符合搬运及消防的要求。堆放场地应平坦、不积水，地基应坚实。现场拆除的模板、脚手杆以及其他剩余材料、设备应及时清理回收，集中堆放。

（2）易燃材料和废料的堆放场所与建筑物及用火作业区的距离应符合相关安全规定。

（3）材料、设备不得紧靠木栅栏或建筑物的墙壁堆放，应留有500mm 以上的间距，并封闭两端。

2．电气设备、材料的堆放与保管

（1）瓷质材料拆箱后，应单层排列整齐，并采取防碰措施，不得堆放。

（2）绝缘材料应存放在有防火、防潮措施的库房内。

（3）电气设备应分类存放，放置稳固、整齐，不得堆放。重心较高的电气设备在存放时应有防止倾倒的措施。有防潮标志的电气设备应做好防潮措施。

（4）易漂浮材料、设备包装物应及时清理。

3．特殊材料的堆放与保管

（1）易燃、易爆及有毒物品等应分别存放在与普通仓库隔离的专用库内，并按有关规定严格管理。汽油、酒精、油漆及稀释剂等挥发性易燃材料应密封存放。

（2）酸类及有害人体健康的物品应放在专设的库房内或场地上，并做标记，库房应保持通风。

（3）建筑材料的堆放高度应遵守相关规定。

4．工具保管

（1）各类脚手杆、脚手板、紧固件以及防护用具等均应存放在干燥、通风处，并符合防腐、防火等要求。新工程开工或间歇性复工前应对其进行检查，合格者方可使用。

（2）根据工作需要，选择合适且合格的安全工器具和施工机械、工具，并妥善保管。

三、现场卫生与环境保护

1．一般要求

（1）严禁安排有职业禁忌症的员工从事相关禁忌作业。对从事可能危害身体健康的危险性作业的员工进行专门的安全防护知识培训，确保掌握操作规程、职业健康风险防范措施和事故应急处置措施。

（2）作业现场应保持整洁，作业区域宜设置集中垃圾箱。在高处清扫的垃圾或废料，不得向下抛掷。

（3）作业现场应配备急救箱（包）及消防器材，在适宜区域设置饮水点、吸烟室。

2．注意事项

（1）办公区、人员住所和材料站应远离河道、易滑坡、易塌方等存在灾害影响的不安全区域。作业场地应进行围护、隔离、封闭，实行区域化管理。

（2）作业现场及其周围的悬崖、陡坎、深坑、高压带电区等危险场所均应设防护设施及警告标志；坑、沟、孔洞等均应铺设与地面平齐的盖板或设可靠的围栏、挡板及警告标志。危险场所夜间应设红灯示警。

（3）现场道路不得任意挖掘或截断。确需开挖时，应事先征得施工管理部门的同意并限期修复；开挖期间应采取铺设过道板或架设便桥等保证安全通行的措施。

（4）作业现场道路跨越沟槽时应搭设牢固的便桥，并经验收合格方可使用。人行便桥的宽度不得小于 1m，手推车便桥的宽度不得小于 1.5m，汽车便桥应经设计，其宽度不得小于 3.5m。便桥的两侧应设有可靠的栏杆。

第三节　作业现场标志

作业现场应有明显的安全和设备标志。安全标志是指用以表达特定安全信息的标志，由图形符号、安全色、几何形状（边框）和文字构成。安全标志分禁止标志、警告标志、指令标志、提示标志四大基本类型和消防安全标志、道路交通标志等特定类型。安全标志一般采用标志牌的形式，宜使用衬边，以使安全标志与周围环境之间形成较为强烈的对比。

安全标志牌应设在与安全有关场所的醒目位置，便于进入作业现场

的人员看到，并有足够的时间来注意它所表达的内容。环境信息标志宜设在有关场所的入口处和醒目处；局部环境信息应设在所涉及的相应危险地点或设备（部件）的醒目处。

一、禁止标志及设置规范

禁止标志是指禁止或制止人们不安全行为的图形标志。常用禁止标志名称、图形标志示例及设置规范见表 1-1。

表 1-1　　　　常用禁止标志名称、图形标志示例及设置规范

序号	名称	图形标志示例	设置范围和地点
1	禁止烟火	禁止烟火	主控制室、继电器室、蓄电池室、通信室、自动装置室、变压器室、配电装置室、检修、试验工作场所、电缆夹层、隧道入口、危险品存放点等处
2	禁止用水灭火	禁止用水灭火	变压器室、配电装置室、继电器室、通信室、自动装置室等处（有隔离油源设施的室内油浸设备除外）
3	禁止跨越	禁止跨越	不允许跨越的深坑（沟）等危险场所、安全遮栏等处
4	未经许可不得入内	未经许可 不得入内	易造成事故或对人员有伤害的场所的入口处，如高压设备室入口、消防泵室、雨淋阀室等处

续表

序号	名称	图形标志示例	设置范围和地点
5	禁止堆放	 禁止堆放	消防器材存放处,消防通道、逃生通道及变电站主通道、安全通道等处
6	禁止使用无线通信	 禁止开启 无线移动通信设备	继电器室、自动装置室等处
7	禁止合闸有人工作	 禁止合闸 有人工作	一经合闸即可送电到施工设备的断路器和隔离开关操作把手上等处
8	禁止合闸线路有人工作	 禁止合闸 线路有人工作	线路断路器和隔离开关把手上

序号	名称	图形标志示例	设置范围和地点
9	禁止分闸	禁止分闸	接地刀闸与检修设备之间的断路器操作把手上
10	禁止攀登 高压危险	禁止攀登 高压危险	高压配电装置构架的爬梯上，变压器、电抗器等设备的爬梯上

二、警告标志及设置规范

警告标志是指提醒人们对周围环境引起注意，以避免可能发生危险的图形标志。常用警告标志名称、图形标志示例及设置规范见表 1-2。

表 1-2　　　常用警告标志、图形标志示例及设置规范

序号	名称	图形标志示例	设置范围和地点
1	注意安全	注意安全	易造成人员伤害的场所及设备等处
2	注意通风	当心通风	SF_6 装置室、蓄电池室、电缆夹层、电缆隧道入口等处

续表

序号	名称	图形标志示例	设置范围和地点
3	当心火灾	当心火灾	易发生火灾的危险场所，如电气检修试验、焊接及有易燃易爆物质的场所
4	当心爆炸	当心爆炸	易发生爆炸危险的场所，如易燃易爆物质的使用或受压容器等地点
5	当心中毒	当心中毒	装有 SF_6 断路器、GIS 组合电器的配电装置室入口，生产、储运、使用剧毒品及有毒物质的场所
6	当心触电	当心触电	设置在有可能发生触电危险的电气设备和线路上，如配电装置室、开关等处
7	当心电缆	当心电缆	暴露的电缆或地面下有电缆施工的地点
8	当心腐蚀	当心腐蚀	蓄电池室内墙壁等处

续表

序号	名称	图形标志示例	设置范围和地点
9	止步高压危险	止步 高压危险	带电设备固定遮栏上，室外带电设备构架上，高压试验地点安全围栏上，因高压危险禁止通行的过道上，工作地点临近室外带电设备的安全围栏上，工作地点临近带电设备的横梁上等处

三、指令标志及设置规范

指令标志是指强制人们必须做出某种动作或采用防范措施的图形标志。常用指令标志名称、图形标志示例及设置规范见表 1-3。

表 1-3　　　　常用指令标志、图形标志示例及设置规范

序号	名称	图形标志示例	设置范围和地点
1	必须戴防毒面具	必须戴防毒面具	设置在具有对人体有害的气体、气溶胶、烟尘等作业场所，如有毒物散发的地点或处理有毒物造成的事故现场等处
2	必须戴安全帽	必须戴安全帽	设置在生产现场（办公室、主控制室、值班室和检修班组室除外）佩戴
3	必须戴防护手套	必须戴防护手套	设置在易伤害手部的作业场所，如具有腐蚀、污染、灼烫、冰冻及触电危险的作业等处

续表

序号	名称	图形标志示例	设置范围和地点
4	必须穿防护鞋	必须穿防护鞋	设置在易伤害脚部的作业场所，如具有腐蚀、灼烫、触电、砸（刺）伤等危险的作业地点

四、提示标志及设置规范

提示标志是指向人们提供某种信息（如标明安全设施或场所等）的图形标志。常用提示标志名称、图形标志示例及设置规范见表 1-4。

表 1-4　　　常用提示标志、图形标志示例及设置规范

序号	名称	图形标志示例	设置范围和地点
1	在此工作	在此工作	工作地点或检修设备上
2	从此上下	从此上下	工作人员可以上下的铁（构）架、爬梯上
3	从此进出	从此进出	工作地点遮栏的出入口处

序号	名称	图形标志示例	设置范围和地点
4	紧急洗眼水	眼睛图形	悬挂在从事酸、碱工作的蓄电池室、化验室等洗眼水喷头旁
5	安全距离	220kV 设备不停电时的安全距离	根据不同电压等级标示出人体与带电体最小安全距离。设置在设备区入口处

五、道路交通标志及设置规范

道路交通标志是用以管制及引导交通的一种安全管理设施。用文字和符号传递引导、限制、警告或指示信息的道路设施。

限制高度标志表示禁止装载高度超过标志所示数值的车辆通行。

限制速度标志表示该标志至前方解除限制速度标志的路段内，机动车行驶速度（单位为 km/h）不准超过标志所示数值。

道路交通标志、图形标志示例及设置规范见表 1-5。

表 1-5　　　道路交通标志、图形标志示例及设置规范

序号	名称	图形标志示例	设置范围和地点
1	限制高度标志	3.5m	变电站入口处、不同电压等级设备区入口处等最大容许高度受限制的地方
2	限制速度标志	5	变电站入口处、变电站主干道及转角处等需要限制车辆速度的路段起点

六、设备标志

设备标志是指用以标明设备名称、编号等特定信息的标志，由文字和（或）图形构成。设备标志由设备名称和设备编号组成。设备标志应定义清晰，具有唯一性。功能、用途完全相同的设备，其设备名称应统一。

一般规定：

（1）设备标志牌应配置在设备本体或附件醒目位置。

（2）两台及以上集中排列安装的电气盘应在每台盘上分别配置各自的设备标志牌。两台及以上集中排列安装的前后开门电气盘前、后均应配置设备标志牌，且同一盘柜前、后设备标志牌一致。

（3）GIS设备的隔离开关和接地开关标志牌根据现场实际情况装设，母线的标志牌按照实际相序位置排列，安装于母线筒端部；隔室标志安装于靠近本隔室取气阀门旁醒目位置，各隔室之间通气隔板周围涂红色，非通气隔板周围涂绿色，宽度根据现场实际确定。

（4）电缆两端应悬挂标明电缆编号名称、起点、终点、型号的标志牌，电力电缆还应标注电压等级、长度。

（5）各设备间及其他功能室入口处醒目位置均应配置房间标志牌，标明其功能及编号，室内醒目位置应设置逃生路线图、定置图（表）。

（6）电气设备标志文字内容应与调度机构下达的编号相符，其他电气设备的标志内容可参照调度编号及设计名称。一次设备为分相设备时应逐相标注，直流设备应逐极标注。

设备标志名称、图形标志示例及设置规范见表1-6。

表 1-6　　　设备标志名称、图形标志示例及设置规范

序号	名称	图形标志示例	设置范围和地点
1	变压器（电抗器）标志牌	1号主变压器 1号主变压器 A相	1）安装固定于变压器（电抗器）器身中部，面向主巡视检查路线，并标明名称、编号； 2）单相变压器每相均应安装标志牌，并标明名称、编号及相别； 3）线路电抗器每相应安装标志牌，并标明线路电压等级、名称及相别
2	主变压器（线路）穿墙套管标志牌	1号主变压器 110kV穿墙套管　Ⓐ Ⓑ Ⓒ 1号主变压器 110kV穿墙套管　Ⓑ	1）安装于主变压器（线路）穿墙套管内、外墙处； 2）标明主变压器（线路）编号、电压等级、名称。分相布置的还应标明相别
3	滤波器组、电容器组标志牌	3601ACF　交流滤波器	1）在滤波器组（包括交、直流滤波期，PLC噪声滤波器、RI噪声滤波器）、电容器组的围栏门上分别装设，安装于离地面1.5m处，面向主巡视检查路线； 2）标明设备名称、编号
4	阀厅内直流设备标志牌	020FQ　换流阀 A相 02DCTA　电流互感器	1）在阀厅顶部巡视走道遮栏上固定，正对设备，面向走道，安装于离地面1.5m处； 2）标明设备名称、编号
5	滤波器、电容器组围栏内设备标志牌	C1　电容器 R1　电阻器 L1　电抗器	1）安装固定于设备本体上醒目处，本体上无位置安装时考虑落地固定，面向围栏正门； 2）标明设备名称、编号

续表

序号	名称	图形标志示例	设置范围和地点
6	断路器标志牌	500kV ××线 5031 断路器 500kV ××线 5031 断路器 A相	1）安装固定于断路器操动机构箱上方醒目处； 2）分相布置的断路器标志牌安装在每相操作机构箱上方醒目处，并标明相别； 3）标明设备电压等级、名称、编号
7	隔离开关标志牌	500kV ××线 50314 隔离开关 500kV × × 线 50314	1）手动操作型隔离开关安装于隔离开关操动机构上方 100mm 处； 2）电动操作型隔离开关安装于操动机构箱门上醒目处； 3）标志牌应面向操作人员； 4）标明设备电压等级、名称、编号
8	电流互感器、电压互感器、避雷器、耦合电容器等标志牌	500kV ××线 电流互感器 A相 220kV Ⅱ段母线 1号避雷器 A相	1）安装在单支架上的设备，标志牌还应标明相别，安装于离地面 1.5m 处，面向主巡视检查路线； 2）三相共支架设备，安装于支架横梁醒目处，面向主巡视检查线路； 3）落地安装加独立遮栏的设备（如避雷器、电抗器、电容器、站用变压器、专用变压器等），标志牌安装在设备围栏中部，面向主巡视检查线路； 4）标明设备电压等级、名称、编号及相别
9	换流站特殊辅助设备标志牌	LTT 换流阀 空气冷却器 1号屋顶式 组合空调机组	1）安装在设备本体上醒目处，面向主巡视检查线路； 2）标明设备名称、编号
10	控制箱、端子箱标志牌	500kV ××线 5031 断路器端子箱	1）安装在设备本体上醒目处，面向主巡视检查线路； 2）标明设备名称、编号

序号	名称	图形标志示例	设置范围和地点
11	接地闸刀标志牌	**500kV ××线** **503147 接地刀闸** **A相** **500kV** **×** **×** **线** 503147	1）安装于接地闸刀操动机构上方100mm处； 2）标志牌应面向操作人员； 3）标明设备电压等级、名称、编号、相别
12	控制、保护、直流、通信等盘柜标志牌	220kV ××线光纤纵差保护屏	1）安装于盘柜前后顶部门楣处； 2）标明设备电压等级、名称、编号
13	室外线路出线间隔标志牌	**220kV ××线** Ⓐ Ⓑ Ⓒ	1）安装于线路出线间隔龙门架下方或相对应围墙墙壁上； 2）标明电压等级、名称、编号、相别
14	敞开式母线标志牌	**220kV Ⅰ段母线** Ⓐ Ⓑ Ⓒ **220kV Ⅰ段母线** Ⓐ	1）室外敞开式布置母线，母线标志牌安装于母线两端头正下方支架上，背向母线； 2）室内敞开式布置母线，母线标志牌安装于母线端部对应墙壁上； 3）标明电压等级、名称、编号、相序
15	封闭式母线标志牌	**220kV Ⅰ段母线** Ⓐ Ⓑ Ⓒ **10kV Ⅱ段母线** Ⓐ Ⓑ Ⓒ	1）GIS设备封闭母线，母线标志牌按照实际相序排列位置，安装于母线筒端部； 2）高压开关柜母线标志牌安装于开关柜端部对应母线位置的柜壁上； 3）标明电压等级、名称、编号、相序

续表

序号	名称	图形标志示例	设置范围和地点
16	室内出线穿墙套管标志牌	10kV ××线 Ⓐ Ⓑ Ⓒ	1）安装于出线穿墙套管内、外墙处； 2）标明出线线路电压等级、名称、编号、相序
17	熔断器、交（直）流开关标志牌	回路名称： 型　号： 熔断电流：	1）悬挂在二次屏中的熔断器、交（直）流开关处； 2）标明回路名称、型号、额定电流
18	避雷针标志牌	1号避雷针	1）安装于避雷针距地面1.5m处； 2）标明设备名称、编号
19	明敷接地体	100mm	全部设备的接地装置（外露部分）应涂宽度相等的黄绿相间条纹。间距以100～150mm为宜
20	地线接地端（临时接地线）	接地线	固定于设备压接型地线的接地端
21	低压电源箱标志牌	220kV 设备区电源箱	1）安装于各类低压电源箱上的醒目位置； 2）标明设备名称及用途

第四节　现场人员安全要求

一、现场人员安全生产权利和义务

现场人员安全生产权利和义务包括：

（1）自觉遵守《电力安全工作规程》，并严格执行。

（2）自觉遵守劳动纪律，认真贯彻执行与安全有关的各种法规和规章制度。

（3）及时反映并按规定处理一切违纪人身和设备系统安全的情况。

（4）有权制止任何人的违章行为。

（5）有权拒绝接受和执行有可能造成人身伤亡和设备损坏的违章指挥。

（6）有权要求有关部门和人员提供完成工作任务必需的安全条件，不具备安全工作条件可拒绝工作。

（7）积极参加安全检查和安全日学习活动。

（8）积极参加技术革新，提合理化建议活动，为提高班组和企业的安全生产水平建言献策。

二、现场人员安全管理须知

现场人员安全管理须知内容包括：

（1）遵章守纪，服从管理，确保安全。

（2）遵守劳动纪律、安全纪律，服从上级领导，严禁违章作业，在生产工作中做到"四不伤害"。

（3）参加班前、班后会，应主动汇报在见习过程中发生的安全情况，要如实反映情况，严禁隐瞒不报。

（4）参加班组安全活动和安全大检查活动，积极支持班组长、值长、安全员搞好班组安全管理工作。

（5）正确使用和管理安全工器具、电气工器具等生产用具。

（6）对违章、违纪、失职或违反规定的见习人员要及时制止提醒。

三、现场人员出入现场安全须知

现场人员出入现场安全须知内容包括：

（1）进入生产现场必须正确佩戴安全帽及必要的防护用品。

（2）上班前身体状况必须良好，精神集中，没有妨碍工作的身体疾病。

（3）上班前严禁饮酒。

（4）上下班途中必须注意现场通行环境及交通安全。

（5）严禁进入状态不明的危险区域。

（6）严禁进入检修的容器内，如需进入容器内进行检查，必须做好安全措施，并且容器外有人监护。

（7）严禁进入空间狭小的区域。

（8）严禁在现场吸烟。

（9）严禁接触危险化学药品。

（10）严禁单人操作，如必须操作，必须执行操作票监护制度。

（11）见习人员禁止进行高处作业。

（12）严禁抛掷工器具。

（13）晚上及光线不好时，必须携带手电。

（14）行走时必须注意高处及脚下，防止高处坠物和脚底绊倒事件的发生。

（15）正确使用安全用具。

（16）远离高温、高压设备，远离检修作业现场，远离交叉、高处作业现场。

（17）必须预防缺氧窒息、中毒性窒息事件的发生。

（18）用手触摸轴承法兰等部件时，严禁戴手套。

（19）外出巡回检查或查巡系统时必须征得班组长同意，并确保对讲机等通信工具畅通。

（20）未经值长或部门领导同意，不得私下调班、连班。

（21）运行值班工作期间不得随意离岗、串岗或做与工作无关的事情。

四、现场人员应掌握的安全规程及运行规程

现场人员必须遵守安全规程及运行规程中相关内容，包括但不限于以下内容：

（1）接到违反安全规定的命令，应拒绝执行。任何工作人员除自己严格执行本部分安全要求外，有责任督促周围的人员遵守。如发现有违反本部分安全要求，并足以危及人身和设备安全的情况，应立即制止。

（2）任何人进入生产现场（办公室、控制室、值班室和检修班组除外），必须戴好安全帽。

（3）不准靠近或接触任何有电设备的带电部分，特殊许可的工作，应执行《电力安全工作规程》中的有关规定。

（4）严禁用湿手去触摸电源开关以及其他电气设备。

（5）使用工具前应进行检查，严禁使用不完整的工具。

（6）应具备必要的安全救护知识，应学会紧急救护方法，特别要学会触电急救法、窒息急救法、心肺复苏法等，并熟悉有关烧伤、烫伤、外伤、气体中毒等急救常识。

（7）作业人员的着装不应有可能被转动的机械绞住和可能卡住的部分，进入生产现场必须穿着合格的工作服，衣服和袖口必须扣好；

禁止戴围巾，穿着长衣服、裙子。工作服禁止使用尼龙、化纤或棉、化纤混纺的衣料制作，以防遇火燃烧加重烧伤程度。工作人员进入生产现场，禁止穿拖鞋、凉鞋、高跟鞋；辫子、长发必须盘在工作帽内。接触高温物体，从事酸、碱作业，在易爆场所作业，必须戴专用的手套、穿防护工作服。接触带电设备工作时，必须穿绝缘鞋。

（8）禁止在运行中清扫、擦拭和润滑机器的旋转和移动的部分，严禁将手伸入栅栏内。清拭运转中机器的固定部分时，严禁戴手套或将抹布缠在手上使用。

（9）禁止在栏杆上、管道上、靠背轮上、安全罩上或运行中设备的轴承上行走和坐立，如需要在管道上坐立才能工作时，必须做好安全措施。

（10）应避免靠近和长时间停留在可能受到烫伤的地方，如汽、水、燃油管道的法兰盘、阀门附近；煤粉系统和锅炉烟道的人孔及检查孔和防爆门、安全门附近；除氧器、热交换器、汽包的水位计以及捞渣机等处。如因工作需要，必须长时间停留时，应做好安全措施。

（11）发现有人触电，应立即切断电源，使触电人脱离电源，并进行急救。如在高处工作，抢救时必须采取防止高处坠落的措施。

（12）遇有电气设备着火时，应立即将有关设备的电源切断，然后进行救火。对可能带电的电气设备以及发电机、电动机等，应使用干式灭火器、二氧化碳灭火器或六氟丙烷灭火器灭火；对油断路器、变压器（已隔绝电源）可使用干式灭火器、六氟丙烷灭火器等灭火，不能扑灭时再用泡沫式灭火器灭火，不得已时可用干砂灭火；地面上的绝缘油着火，应用干砂灭火。扑救可能产生有毒气体的火灾（如电缆着火等）时，扑救人员应使用正压式空气呼吸器。

五、作业现场危险因素分析

作业现场危险因素按物、人、管理和环境进行分析，见表 1-7。

表 1-7　　　　　　　　　作业现场危险因素分析

分类	危险因素		内　容
物	物理	设备设施缺陷	设备设计不合理、制造安装质量差、维修保养不及时等
		防护缺陷	无防护、防护距离不够、防护不当、支撑不当等
		电危害	漏电、触电、雷电、静电、电火花等
		噪声危害	机械性噪声、流动动力性噪声等
		振动危害	机械振动、电磁性振动、流动动力性振动等
		电磁辐射	电离辐射、各种射线、超高压电场
		运动物危害	固体抛射物、液体飞溅物、反弹物、气流卷动、冲击等
		明火伤害、粉尘伤害	
		灼伤	能造成灼伤的高温物质、高温气(汽)体、高温固体、高温液体等
		标识缺陷	无标志、标志不清楚、标志不规范、标志选用不当、标志位置缺陷
	化学	易燃易爆物质	易燃易爆固体、液体、气体，粉尘等
		自燃物质	煤
		有毒物质	有毒固体、液体、气体，粉尘等
		腐蚀性物质	腐蚀性固体、液体、气体等
人	心理、生理	负荷超限	体力、听力、视力负荷超出人承受的极限
		健康状况异常	
		从事禁忌作业	
		心理因素	心理、情绪异常，冒险心理，过度紧张等
		辨识能力缺陷	
	行为	指挥错误	
		操作错误	
		监护失误	

续表

分类	危险因素	内容
管理	管理缺陷	安全生产管理制度不健全、人员培训不到位、日常安全监督管理有漏洞、安全投入不到位、安全责任落实不到位、职业健康管理不完善、安全防护用品配备不到位、其他管理因素缺陷
环境	作业环境不良	基础设施，安全通道缺陷，照明不良，通风不良，缺氧，空气质量不良，气温过高、过低，气压过高、过低，场所狭小、恶劣天气、自然灾害等

第二章
电力安全工器具

电力安全工器具可分为个体防护装备、绝缘安全工器具、登高工器具、安全围栏（网）和标识牌等。

第一节　个体防护装备

个体防护装备是指保护人体避免受到急性伤害而使用的安全用具，如安全帽、安全带等。

▌一、安全帽

1. 安全帽标志

安全帽应具备的标志有安全帽生产许可证编号，安全帽生产检验证，安全帽生产合格证，安全帽制造厂名称，安全帽制造的商标，安全帽制造的型号，安全帽制造的年、月时间。

2. 安全帽的配置

根据作业现场管辖设备的多少，安全帽的配置数量也有所不同。作业人员要定期检查自己所分管设备的安全场所配置的安全帽是否按标准配齐、配足，如果配备不齐全，应汇报主管部门进行补充，直至按标准配齐。

3．安全帽颜色规定

管理人员使用红色；检修人员使用蓝色；运行人员使用黄色；参观人员使用白色，如图 2-1 所示。

图 2-1　安全帽

4．安全帽使用安全要求

安全帽安全使用有如下要求：

（1）安全员按照安全帽的试验周期规定，安排班组员工到指定部门进行安全帽的试验。

（2）安全帽经试验合格后，必须及时贴上"试验合格证"标签。

（3）安全帽要有试验报告，一份交使用单位存档，一份由试验单位存档，试验报告保存两个试验周期。

（4）使用中或新购置的安全帽必须试验合格。

（5）未经试验及超试验周期的安全帽禁止使用。

（6）安全帽使用前应检查是否有裂纹、损坏。

（7）安全帽使用前，应检查帽壳、帽衬、帽箍、顶衬、下颚带等附件完好无损。

（8）安全帽使用时，班组员工应将下颚带系好，防止工作中前倾后仰或其他原因造成滑落。

二、安全带（绳）

1．安全带（绳）的标志

安全带应具备的标志有安全带金属配件上应打上制造厂的代号、安全带带体上应缝上"永久"字样的商标、安全带带体上应缝上"永久"字样的检验证、安全带带体上应缝上"永久"字样的合格证。

作业人员每月对安全带、绳进行外观检查一次，应检查所使用的安全带是否具有以上四项永久性标志，如果经检查缺少一项或缺少多项永久性标志，班组员工应拒绝使用此类安全带。

2．安全带（绳）的制作材料

安全带（绳）的制作材料必须是锦纶、维纶、蚕丝料，电工围杆带可用黄牛革材料制作，金属配件可以用普通碳素钢或铝合金钢材料制作，如图 2-2 所示。

3.安全带（绳）安全使用要求

安全带（绳）安全使用有如下要求：

（1）使用前应检查安全带、安全扣、安全环、安全绳是否完整，无破损，扣环牢固可靠；安全员按照安全带、安全绳的试验周期规定，安排班组员工到指定部门进行安全带、安全绳的试验。

（2）安全带、安全绳经试验合格后，必须及时贴上"试验合格证"标签。

图2-2　安全带（绳）

（3）安全带、安全绳要有试验报告，一份交使用单位存档，一份由试验单位存档，试验报告保存两个试验周期。

（4）使用中或新购置的安全带、安全绳必须试验合格。

（5）未经试验及超试验周期的安全带、安全绳禁止使用。

（6）安全带使用周期一般为3～5年，发现异常应提前报废。

第二节　绝缘安全工器具

绝缘安全工器具又可分为基本绝缘安全工器具和辅助绝缘安全工器具。

（1）基本绝缘安全工器具。绝缘强度足以抵抗电气设备运行电压的安全用具。高压设备的基本绝缘安全用具有绝缘棒、绝缘夹钳和高压试电笔（验电器）等。低压设备的基本绝缘安全用具有绝缘手套、装有绝缘柄的工具和低压试电笔（验电器）等。

（2）辅助绝缘安全工器具。绝缘强度不足以抵抗电气设备运行电压的安全用具。辅助绝缘安全工器具是指绝缘强度不是承受设备或线路的工作电压，只是用于加强基本绝缘安全工器具的保安作用，用以防止接触电压、跨步电压、泄漏电流电弧对操作人员的伤害。不能用辅助绝缘安全工器具直接接触高压设备带电部分。高压设备的辅助绝缘安全用具有绝缘手套、绝缘鞋（靴）、绝缘垫及绝缘台等。低压设备的辅助绝缘安全用具有绝缘台、绝缘垫及绝缘鞋（靴）等。

一、验电器

为能直观地确认设备、线路是否带电，使用验电器检测是一种既方便又简单的方法，验电器按电压分为高压验电器和低压验电器两种。

1．高压验电器

高压验电器主要用来检验设备对地电压在 250V 以上的高压电气设备。目前广泛采用的有发光型、声光型、风车式三种类型。

（1）发光型高压验电器：一般由指示器部分、绝缘部分、罩护环、握手部分等组成。

（2）声光型高压验电器：一般由检测部分、绝缘部分、握柄部分组成。检测部分由检测头和声光元件组成，当接收到电场信号，能发光的元件就发出指示信息。此类验电器的特点是在发光型验电器中装入了有电报警器，它是反应电场效应而作用音响器发声的原理制成的。

（3）风车型验电器：它是通过电晕放电而产生的电晕风，驱使金属叶片旋转，来检测设备是否带电。风车验电器由风车指示器和绝缘操纵杆组成。

高压验电器一般都是由检测部分（指示器部分或风车）、绝

缘部分、握手部分三大部分组成，如图 2-3 所示。绝缘部分是指
自指示器下部金属衔接螺丝起至罩护环止的部分，握手部分是指
罩护环以下的部分。其中绝缘部分、握手部分根据电压等级的不
同其长度也不相同。

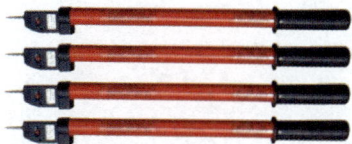

图 2-3　高压验电器

在使用高压验电器进行验电时，首先必须认真执行操作监护制，一
人操作，一人监护。操作者在前，监护人在后。使用验电器时，必须注
意其额定电压要和被测电气设备的电压等级相适应，否则可能会危及操
作人员的人身安全或造成错误判断。验电时，操作人员一定要戴绝缘手
套，穿绝缘靴，防止跨步电压或接触电压对人体的伤害。操作者应手握
罩护环以下的握手部分，先在有电设备上进行检验。检验时，应渐渐地
移近带电设备至发光或发声止，以验证验电器的完好性。然后再在需要
进行验电的设备上检测。同杆架设的多层线路验电时，应先验低压，后
验高压，先验下层，后验上层。

需要特别说明的是，在使用高压验电笔验电前，一定要认真阅读
使用说明书，检查一下试验是否超周期、外表是否损坏、破伤。例如，
GDY 型风车高压验电器在从包中取出时，首先应观察电转指示器叶片
是否有脱轴现象，警报是否发出音响，脱轴者不得使用，然后将电转指
示器在手中轻轻摇晃，其叶片应稍有摆动，证明良好，然后检查报警部
分，证明音响良好。对于 GSY 型高压声光验电器在操作前应对指示器
进行自检试验，才能将指示器旋转固定在操作杆上，并将操作杆拉伸至
规定长度，再做一次自检后才能进行。注意，高压验电器不能检测直流

电压。

在保管和运输中，不要使其强烈振动或受冲击，不准擅自调整拆装，凡有雨雪等影响绝缘性能的环境，一定不能使用。不要把它放在露天烈日下曝晒，应保存在干燥通风处，不要用带腐蚀性的化学溶剂和洗涤剂进行擦拭或接触。

高压验电器使用安全要求：

（1）验电时，必须戴绝缘手套。

（2）验电时，必须使用电压等级合适而且合格的验电器，在检修设备的各侧各相分别采用多点进行验电。

（3）验电时，验电器应慢慢的接触被测电气设备。

（4）验电前，必须在有电设备上进行试验，确保验电器完好。

（5）验电时，必须确认验电位置的正确方能进行验电。

（6）验电器绝缘手柄较短，使用时应特别注意手握部分不得超过隔离环。

（7）验电器前部露出的金属部位不宜过多，为防止验电时导致短路，应用绝缘胶带包裹，只露出前段少量金属部位即可。

（8）使用时，应用右手拿验电器，逐渐靠近被测物体，直到氖灯亮；只有氖灯不亮时，才可以与被测物体直接接触。严禁将监测器外壳和绝缘杆与被测电气设备接触进行验电。

（9）室外使用验电器，必须在气候条件良好的情况下。在雪、雨、雾及湿度较大的情况下，不宜使用。

2．低压验电器

低压验电器俗称验电笔，它是用来检验对地电压在 250V 及以下的低压电气设备的，也是家庭中常用的电工安全工具。它主要由工作触头、降压电阻、氖泡、弹簧等部件组成。利用电流通过验电器、人体、大地形成回路，其漏电电流使氖泡起辉发光而工作的。只要带电体与大地之间电位差超过一定数值（36V 以下），验电器就会发出辉光，低于这个数值，就不发光，从而来判断低压电气设备是否带有电压。

在使用前，首先应检查一下验电笔的完好性，四大组成部分是否缺少，氖泡是否损坏，然后在有电的地方验证一下，只有确认验电笔完好后，才可进行验电。在使用时，一定要手握笔帽端金属挂钩或尾部螺丝，笔尖金属探头接触带电设备，湿手不要去验电，不要用手接触笔尖金属探头。

低压验电笔除主要用来检查低压电气设备和线路外，它还可区分相线与零线，交流电与直流电以及电压的高低。验电笔验电时判断方法为：

（1）相线与零线的区别：在交流电路里，当验电器触及导线（或带电体）时，发亮的是相线，正常情况下，零线不发亮。

（2）交流电与直流电的区别：交流电通过验电笔时，氖管里的两个极同时发亮。直流电通过验电笔时氖管里只有一个极发亮。

（3）直流电正负极的区别：把验电笔连接在直流电极上，发亮的一端（氖灯电极）为正极。

（4）正负极接地的区别：直流系统是对地绝缘的。人站在地上，用验电笔去触及系统的正极和负极，氖管是不应该发亮的。如果发亮，说明系统有接地现象。

（5）电压高低的区别：可以根据验电笔氖管发亮的强弱来估计电压的大约数值，因为在验电笔的使用电压内，电压越高，氖管越亮。

（6）相线碰壳：用验电笔触及电气设备的外壳（如电动机、变压器外壳等），若氖管发亮，则是相线与壳体接触（或绝缘不良），说明该设备有漏电现象，如果在壳体上有良好的接地装置，氖管不会发亮。

（7）相线接地：用验电笔触及三相三线制星形接法的交流电路，有两根比通常稍亮，而另一根暗一些，说明较暗的相线有接地现象，但还不大严重。如果两相很亮，而另一相几乎看不见亮或不亮，说明这一相有金属性接地。在三相四线制电路中，当单相接地后，中性线用电笔测量时，也会发亮。

（8）设备（电动机、变压器等）各相负荷不平衡或内部匝间、相间短路及三相交流电路中性点位移，用验电笔测量中性点，就会发亮。这说明该设备的各相负荷不平衡，或内部有匝间或相间短路。上述现象，只在故障较为严重时才能反映出来。因为验电笔要在达到一定程度的电压以后才能起辉。

（9）线路接触不良或不同电气系统互相干扰时，验电笔触及带电体氖灯闪亮，则可能是线头接触不良，也可能是两个不同的电气系统互相干扰。

二、绝缘棒

1. 绝缘棒的作用

绝缘棒俗称令克棒，一般用电木、胶木、塑料、环氧玻璃布棒或环氧玻璃布管制成。在结构上分为工作部分、绝缘部分和手握部分，结构如图 2-4 所示。

图 2-4　绝缘棒

　　绝缘棒用以操作高压跌落式熔断器、单极隔离开关、柱上油断路器及装卸临时接地线等，在不同工作电压的线路上使用的绝缘棒应按规定选用。

　　2．绝缘棒使用安全要求

　　（1）操作前，绝缘棒表面应用清洁的布擦净，使绝缘棒表面干燥、清洁。

　　（2）操作时应戴绝缘手套，穿绝缘鞋（靴）或站在绝缘垫（台）上。

　　（3）操作者的手握部位不得超过隔离环。

　　（4）绝缘棒的型号、规格必须符合规定，切不可任意取用。

　　（5）在下雨、下雪或潮湿的天气，室外使用绝缘棒时，棒上应装有防雨的伞形罩，使绝缘棒的伞下部分保持干燥。没有伞形罩的绝缘棒，不宜在上述天气中使用。

　　（6）在使用绝缘棒时要注意防止碰撞，以免损坏表面的绝缘层。

　　（7）绝缘棒应按规定进行定期绝缘试验。

三、携带型接地线

　　1．接地线的作用

　　当高压设备停电检修或进行其他工作时，为了防止停电设备突然来电和邻近高压带电设备对停电设备所产生的感应电压对人体的危害，需要用携带型接地线将停电设备已停电的三相电源短路接地，同时将设备上的残余电荷对地放掉。

　　携带型接地线主要由短路各相的导线、接地用的导线及将上述两种导线接到设备停电部分和接地装置上的连接器（也称线卡子）等三部分组成，如图2-5所示。短路用的导线采用多股软铜线，其截面积应能满足短路时热稳定的要求，即在较大短路电流通过时，导线不会因产生的高热而熔化。为了保证有足够的机械强度，接地线截面积不应小于

$25mm^2$。

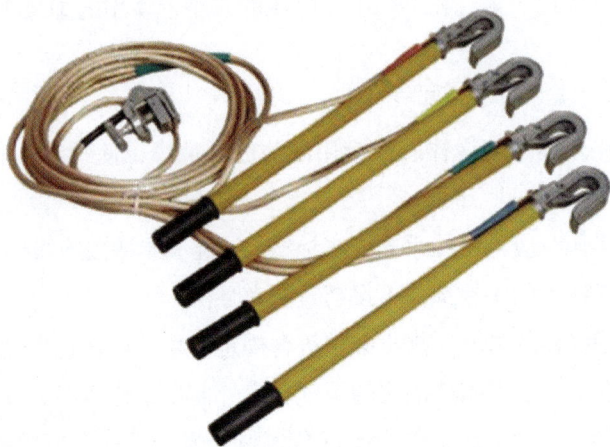

图2-5 携带型接地线

携带型接地线的连接器装上后，要求接触良好，并有足够的夹持力，防止因振动或由于夹持力不够，发生脱落。接地线应统一编号和固定存放位置。在存放接地线的位置上也要有编号，以便将接地线按照相应的编号放在固定的位置，即"对号入座"。

2．接地线的使用安全要求

（1）装接地线时，必须验明设备确无电压后才能进行。

（2）装、拆接地线必须使用绝缘手套。

（3）接地线在每次装设以前必须经过仔细检查。损坏的接地线应及时修理或更换。严禁使用不符合规定的导线作接地或短路。

（4）接地线必须使用专用的线夹固定在接地良好的导体上，严禁用缠绕的方法进行接地或短路。

（5）装设接地线必须先接接地端，后接导体端，且必须接触良好。拆接地线的顺序与此相反。

（6）装、拆接地线时，必须确认装、拆的位置正确后才能进行。

（7）装、拆接地线应做好记录，交接班时应交接清楚。

四、绝缘手套

1．绝缘手套的作用

绝缘手套是用绝缘性能良好的特种橡胶制成，要求薄、柔软，有足够的绝缘强度和机械性能，如图 2-6 所示。绝缘手套可以使人的双手与带电体绝缘，防止人手触及同一电位带电体或同时触及不同电位带电体而触电，在现有的绝缘安全用具中，使用范围最广，用量最多。按使用的原料可分为橡胶和乳胶绝缘手套两大类。

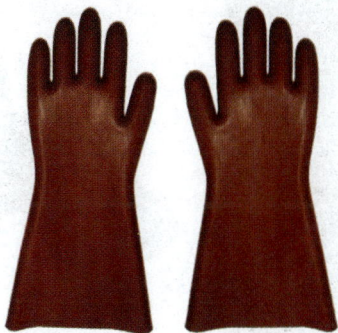

图 2-6　绝缘手套

例如，12kV 的绝缘手套，其最高试验电压达 12kV。在 1kV 以上的电压区作业时，只能用作辅助安全防护用具，不得触及有电设备；在 1kV 以下电压作业区时，可用作基本安全用具，即戴手套后，两手可以接触 1kV 以下的有电设备（人身其他部位除外）。

2．绝缘手套的使用安全要求

绝缘手套安全使用有如下要求：

（1）进行倒闸操作时必须戴绝缘手套。

（2）使用绝缘手套前必须检查绝缘手套是否在有效周期内，是否完好无损。

（3）使用绝缘手套必须双手戴好，严禁将绝缘手套包裹在工具上使用。

五、绝缘鞋

1．绝缘靴（鞋）的作用

使人体与地面绝缘，防止试验电压范围内的跨步电压触电。绝缘靴（鞋）只能作为辅助安全用具，如图 2-7 所示。

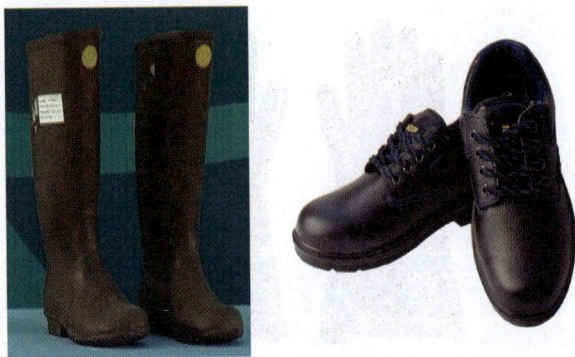

图 2-7　绝缘靴（鞋）

2．绝缘靴（鞋）使用安全要求

绝缘靴（鞋）一般可分为有 20kV 绝缘短靴、6kV 绝缘鞋（靴）。20kV 绝缘靴的绝缘性能强，在 1～220kV 高压区可用为辅助安全用具，不能与有电设备接触；对 1kV 以下电压也能作为基本安全用具，穿靴后仍不能用手触及带电体。6kV 绝缘鞋（靴）也称电工鞋，在电压 1kV 以下为辅助安全用具，可用于预防 6kV 以下区域跨步电压对人体的伤害。

六、绝缘垫和绝缘台

1．绝缘垫

绝缘垫是一种辅助安全用具，一般铺在配电室的地面上，以便在带电操作断路器或隔离开关时增强操作人员的对地绝缘，防止接触电压与跨步电压对人体的伤害。也可以铺在低压开关附近的地面上，操作时操作人站在上面，用以代替使用绝缘手套和绝缘靴。绝缘垫应定期进行绝缘试验。

2．绝缘台

绝缘台是一种辅助安全用具，可以用来代替绝缘垫或绝缘靴。绝缘台的台面一般用干燥、木纹直而且无节的木板拼成，板间留有一定的缝隙（不大于2.5cm），以便于检查绝缘脚（支持绝缘子）是否有短路或损坏，同时也可以节省木料，减轻重量。台面尺寸一般不小于75cm×75cm、不大于150cm×100cm大小。台面用四个绝缘子支持。为了防止在台上操作时造成颠覆或倾倒，要求台面部分的边缘不应伸出绝缘脚外。绝缘脚长度不小于10cm。

绝缘台可用于室内或室外的一切电气设备。当在室外使用时，应将其放在坚硬的地面上，附近不应有杂草，防止绝缘子陷入泥中或草中，降低绝缘性能。

绝缘台也可用35kV以上的高压支持绝缘子做脚。这种绝缘台由于具有较高的绝缘水平，雨天需要在室外倒闸操作时用作辅助安全用具，较为可靠。

第三节　安全防护设施

安全防护设施是指防止外因引发的人身伤害、设备损坏而配置的防护装置和用具。

一、安全警示线

一般规定：

（1）安全警示线用于界定和分割危险区域，向人们传递某种注意或警告的信息，以避免人身伤害。安全警示线包括禁止阻塞线、减速提示线、安全警戒线、防止踏空线、防止碰头线、防止绊跤线和生产通道边缘警戒线等。

（2）安全警示线一般采用黄色或与对比色（黑色）同时使用。安全警示线、图形标志示例及设置规范见表 2-1。

表 2-1　　安全警示线、图形标志示例及设置规范

序号	名称	图形标志示例	设置范围和地点
1	禁止阻塞线		1）标注在地下设施入口盖板上。 2）标注在主控制室、继电器室门内外；消防器材存放处；防火重点部位进出通道。 3）标注在通道旁边的配电柜前（800mm）。 4）标注在其他禁止阻塞的物体前
2	减速提示线		标注在变电站站内道路的弯道、交叉路口和变电站进站入口等限速区域的入口处
3	安全警戒线	设备屏 设备屏 设备区 设备屏	1）设置在控制屏（台）、保护屏、配电屏和高压开关柜等设备周围。 2）安全警戒线至屏面的距离宜为 300～800mm，可根据实际情况进行调整

续表

序号	名称	图形标志示例	设置范围和地点
4	防止碰头线		标注在人行通道高度小于1.8m的障碍物上
5	防止绊跤线		1）标注在人行横道地面上高差300mm以上的管线或其他障碍物上。 2）采用45°间隔斜线（黄/黑）排列进行标注
6	防止踏空线		1）标注在上下楼梯第一级台阶上。 2）标注在人行通道高差300mm以上的边缘处
7	生产通道边缘警戒线		1）标注在生产通道两侧。 2）为保证夜间可见性，宜采用道路反光漆或强力荧光油漆进行涂刷
8	设备区巡视路线		标注在变电站室内外设备区道路或电缆沟盖板上

▌二、安全防护设施

安全防护设施是指防止外因引发的人身伤害、设备损坏而配置的防护装置和用具。一般规定：

（1）安全防护设施用于防止外因引发的人身伤害，包括安全帽、安全工器具柜、安全工器具试验合格证标志牌、固定防护遮栏、区域隔离遮栏、临时遮栏（围栏）、红布幔、孔洞盖板、爬梯遮栏门、防小动物挡板、防误闭锁解锁钥匙箱等设施和用具。

（2）工作人员进入生产现场，应根据作业环境中所存在的危险因素，穿戴或使用必要的防护用品。

安全防护设施、图形标志示例及配置规范见表 2-2。

表 2-2 　　　安全防护设施、图形标志示例及配置规范

序号	名称	图形标志示例	设置范围和地点
1	安全帽	安全帽背面	1）安全帽用于作业人员头部防护。任何人进入生产现场（办公室、主控制室、值班室和检修班组室除外），应正确佩戴安全帽。 2）安全帽应符合 GB 2811—2007《安全帽》的规定。 3）安全帽前面有国家电网公司标志，后面为单位名称和编号，并按编号定置存放。 4）安全帽实行分色管理。红色安全帽为管理人员使用，黄色安全帽为运维人员使用，蓝色安全帽为检修（施工、试验等）人员使用，白色安全帽为外来参观人员使用
2	安全工器具柜（室）		1）变电站应配备足量的专用安全工器具柜。 2）安全工器具柜应满足国家、行业标准及产品说明书关于保管和存放要求。 3）安全工器具室（柜）宜具有温度、湿度监控功能，满足温度为 $-15 \sim +35℃$、相对湿度为 80% 以下，保持干燥通风的基本要求

续表

序号	名称	图形标志示例	设置范围和地点
3	安全工器具试验合格证标志牌	**安全工器具试验合格证** 名称_____ 编号_____ 试验日期_____年___月___日 下次试验日期_____年___月___日	1）安全工器具试验合格证标志牌贴在经试验合格的安全工器具醒目处。 2）安全工器具试验合格证标志牌可采用粘贴力强的不干胶制作，规格为60mm×40mm
4	固定防护遮栏		1）固定防护遮栏适用于落地安装的高压设备周围及生产现场平台、人行通道、升降口、大小坑洞、楼梯等有坠落危险的场所。 2）用于设备周围的遮栏高度不低于1700mm，设置供工作人员出入的门并上锁；防坠落遮栏高度不低于1050mm，并装设不低于100mm的护板。 3）固定遮栏上应悬挂安全标志，位置根据实际情况而定。 4）固定遮栏及防护栏杆、斜梯应符合规定，其强度和间隙满足防护要求。 5）检修期间需将栏杆拆除时，应装设临时遮栏，并在检修工作结束后将栏杆立即恢复
5	区域隔离遮栏		1）区域隔离遮栏适用于设备区与生活区的隔离、设备区间的隔离、改（扩）建施工现场与运行区域的隔离，也可装设在人员活动密集场所周围。 2）区域隔离遮栏应采用不锈钢或塑钢等材料制作，高度不低于1050mm，其强度和间隙满足防护要求

续表

序号	名称	图形标志示例	设置范围和地点
6	临时遮栏（围栏）		1）临时遮栏（围栏）适用于下列场所： a. 有可能高处落物的场所； b. 检修、试验工作现场与运行设备的隔离； c. 检修、试验工作现场规范工作人员活动范围； d. 检修现场安全通道； e. 检修现场临时起吊场地； f. 防止其他人员靠近的高压试验场所； g. 安全通道或沿平台等边缘部位，因检修拆除常设栏杆的场所； h. 事故现场保护； i. 需临时打开的平台、地沟、孔洞盖板周围等。 2）临时遮栏（围栏）应采用满足安全、防护要求的材料制作。有绝缘要求的临时遮栏应采用干燥木材、橡胶或其他坚韧绝缘材料制成。 3）临时遮栏（围栏）高度为1050～1200mm，防坠落遮栏应在下部装设不低于180mm高的挡脚板。 4）临时遮栏（围栏）强度和间隙应满足防护要求，装设应牢固可靠。 5）临时遮栏（围栏）应悬挂安全标志，位置根据实际情况而定
7	红布幔		1）红布幔适用于变电站二次系统上进行工作时，将检修设备与运行设备前后以明显的标志隔开。 2）红布幔尺寸一般为2400mm×800mm、1200mm×800mm、650mm×120mm，也可根据现场实际情况制作。 3）红布幔上印有运行设备字样，白色黑体字，布幔上下或左右两端设有绝缘隔离的磁铁或挂钩

续表

序号	名称	图形标志示例	设置范围和地点
8	孔洞盖板	覆盖式 镶嵌式	1）适用于生产现场需打开的孔洞。 2）孔洞盖板均应为防滑板，且应覆以与地面齐平的坚固的有限位的盖板。盖板边缘应大于孔洞边缘100mm，限位块与孔洞边缘距离不得大于25～30mm，网络板孔眼不应大于50mm×50mm。 3）在检修工作中如需将盖板取下，应设临时围栏。临时打开的孔洞，施工结束后应立即恢复原状；夜间不能恢复的，应加装警示红灯。 4）孔洞盖板可制成与现场孔洞互相配合的矩形、正方形、圆形等形状，选用镶嵌式、覆盖式，并在其表面涂刷45°黄黑相间的等宽条纹，宽度宜为50～100mm。 5）盖板拉手可做成活动式，便于钩起
9	爬梯遮栏门	禁止攀登 高压危险 编号	1）应在禁止攀登的设备、构架爬梯上安装爬梯遮栏门，并予编号。 2）爬梯遮栏门为整体不锈钢或铝合金板门。其高度应大于工作人员的跨步长度，宜设置为800mm左右，宽度应与爬梯保持一致。 3）在爬梯遮栏门正门应装设"禁止攀登 高压危险"的标志牌
10	防小动物挡板		1）在各配电装置室、电缆室、通信室、蓄电池室、主控制室和继电器室等出入口处，应装设防小动物挡板，以防止小动物造成短路引发的电气事故。 2）防小动物挡板宜采用不锈钢、铝合金等不易生锈、变形的材料制作，高度应不低于400mm，其上部应设有45°黑黄相间色斜条防止绊跌线标志，标志线宽宜为50～100mm

续表

序号	名称	图形标志示例	设置范围和地点
11	防毒面具和正压式消防空气呼吸器	过滤式防毒面具 正压式消防空气呼吸器	1）变电站应按规定配备防毒面具和正压式消防空气呼吸器。 2）过滤式防毒面具是在有氧环境中使用的呼吸器。 3）过滤式防毒面具应符合GB 2890—2009《呼吸防护自吸过滤式防毒面具》的规定。使用时，空气中氧气浓度不低于18%，温度为 $-30 \sim +45℃$，且不能用于槽、罐等密闭容器环境。 4）过滤式防毒面具的过滤剂有一定的使用时间，一般为 $30 \sim 100min$。过滤剂失去过滤作用（面具内有特殊气味）时，应及时更换。 5）过滤式防毒面具应存放在干燥、通风，无酸、碱、溶剂等物质的库房内，严禁重压。防毒面具的滤毒罐（盒）的储存期为5年（3年），过期产品应经检验合格后方可使用。 6）正压式消防空气呼吸器是用于无氧环境中的呼吸器。 7）正压式消防空气呼吸器应符合GA 124—2004《正压式消防空气呼吸器》的规定。 8）正压式消防空气呼吸器在储存时应装入包装箱内，避免长时间曝晒，不能与油、酸、碱或其他有害物质共同储存，严禁重压

续表

序号	名称	图形标志示例	设置范围和地点
12	防误闭锁解锁钥匙箱		1）防误闭锁解锁钥匙箱是将解锁钥匙存放其中并加封，根据规定执行手续后使用。 2）防误闭锁解锁钥匙箱为木质或其他材料制作，前面部为玻璃面，在紧急情况下可将玻璃破碎，取出解锁钥匙使用。 3）防误闭锁解锁钥匙箱存放在变电站主控制室

第四节　电力安全工器具管理

一、检查

（1）使用安全用具前应检查是否合格，表面是否清洁、有无裂痕、钻印、划痕、毛刺、空洞、断裂等外伤。

（2）检查的安全绝缘工器具应在有效试验周期内，且合格。

（3）检查验电器的绝缘杆是否完好，有无裂纹、断裂、脱节情况。

（4）按试验钮检查验电器发光及声响是否完好，电池电量是否充足，电池接触是否完好，如有时断时续的情况，应立即查明原因，不能修复的应立即更换。

（5）在带电设备上检验验电器的完好性，如发生时断时续或只有发光无声响或只有声响无发光等情况发生，应立即查明原因，不能修复的，应立即更换。

（6）严禁使用不合格的验电器进行验电。

（7）检查接地线接地端、导体端是否完好，接地线是否有断裂，螺栓是否紧固等。

（8）带有绝缘杆的接地线，必须检查绝缘杆有无裂纹、断裂等情况。

（9）检查绝缘手套有无裂纹、漏气，表面应清洁、无发粘等现象。

（10）检查绝缘靴底部无断裂，靴面无裂纹，并清洁。

（11）检查绝缘棒无裂纹、断裂现象。

（12）检查绝缘体无裂纹、断裂现象。

（13）检查安全帽无裂纹，系带完好无损。

（14）检查操作杆无断裂现象。

二、试验

安全绝缘工器具应定期进行试验，并做好详细记录，试验周期为：绝缘棒每年进行一次定期试验；验电器每六个月进行一次定期试验；绝缘手套每六个月进行一次定期试验；橡胶绝缘靴每六个月进行一次定期试验。

三、保管

安全用具使用完毕后，应存放于干燥通风处，并符合下列要求：

（1）绝缘杆应悬挂或驾在支架上，不应与墙接触。

（2）绝缘手套应存放在密闭的橱内，并与其他工具仪表分别存放。

（3）绝缘靴应放在橱内，不应代替一般套鞋使用。

（4）绝缘棒应放在干燥的地方，一般将其放在特制的架子上。绝缘棒不得与墙或地面接触，以免碰伤其绝缘表面。

（5）绝缘垫和绝缘台应经常保持清洁、无损伤。

（6）高压验电器存放在防潮的匣内，并放在干燥的地方。

（7）安全用具和防护用具不许当其他工具使用。

（8）不得与化学药品同时保存，防止腐蚀。

（9）所用安全工器具均应定置存放，存放位置应设立醒目的名称标示。

（10）验电器、绝缘杆、绝缘手套、绝缘靴等必须贴有试验合格标签。

（11）安全绝缘工器具（包括安全围绳、标示牌、绝缘手套等）使用完后应进行整理，按名称编号定置存放，并摆放整齐。

（12）验电器的存放应标明电压等级，并严格按电压等级将验电器进行隔离存放并上锁。严禁将不同电压等级的验电器混存。

（13）每组接地线均应编号，定置存放，并存放在固定地点，存放位置也应编号，接地线编号与存放位置编号必须一致，严禁错号存放；接地线的编号不分电压等级，应按顺序进行编号，不能出现重复的编号。

第三章
现场作业安全知识

第一节　电气作业安全

▌一、电气作业安全防护

电气作业指对电气设备进行运行、维护、安装、检修、改造、施工、调试等作业，属于特种作业。作业人员不遵守安全规程或误操作极易引起触电事故，触电是指电流对人体或动物体的伤害，这种伤害表现为电击和电伤两种。按照人体触及带电体的方式不同，触电可分为直接触电和间接触电。为了有效地防止触电事故，可采用绝缘、屏护、安全间距、漏电保护、安全电压、保护接地或接零等可靠的安全技术措施。其中，绝缘、屏护、安全间距、漏电保护、安全电压等是防止直接触电的防护措施。保护接地、保护接零是防止间接触电的防护措施。

1. 绝缘

（1）绝缘作用。绝缘是用绝缘材料把带电体隔离起来，实现带电体之间、带电体与其他物体之间的电气隔离，使设备能长期安全、正常地工作，同时可以防止人体触及带电部分发生触电事故。绝缘在电气安全中有着十分重要的作用，常用的绝缘材料有胶木、塑料、橡胶、云母及矿物油、SF_6 气体等。

（2）绝缘破坏。绝缘材料除因在强电场作用下被击穿而破坏外，自然老化、电化学击穿、机械损伤、潮湿、腐蚀、热老化等也会降低其绝缘性能或导致绝缘破坏。气体绝缘在击穿电压消失后，绝缘性能还能恢复；液体绝缘多次击穿后，将严重降低绝缘性能；而固体绝缘击穿后，就不能再恢复绝缘性能。因此，绝缘需定期检测，保证电气绝缘的安全可靠。

（3）绝缘安全用具。为了防止触电，手持电动工具的操作者必须戴绝缘手套、穿绝缘鞋（靴）或站在绝缘垫（台）上工作，使人与地面、人与工具的金属外壳通过绝缘安全用具隔离。这是目前最简便可行的防护措施。

2．屏护

屏护是指采用遮栏、围栏、护罩、护盖或隔离板等把带电体同外界隔绝开来，以防止人体触及或接近带电体所采取的一种防护措施。除了能够防止触电外，有的屏护装置还能起到防止电弧伤人、防止弧光短路或便利检修工作等作用。

邻近带电体的作业中，在工作人员与带电体之间及过道、入口等处应装设可移动的临时遮栏。遮栏上应悬挂"止步，高压危险""禁止攀登，高压危险"等标示牌。

屏护装置不直接与带电体接触，对所用材料的电性能没有严格要求。屏护装置所用材料应当有足够的机械强度和良好的耐火性能。但是金属材料制成的屏护装置，为了防止其意外带电造成触电事故，必须将其接地或接零。

开关电器的可动部分一般不能加包绝缘，应采用屏护。其中防护式开关电器本身带有屏护装置，如胶盖闸刀开关的胶盖。

高压电气设备的带电部分，如不便加包绝缘或绝缘强度不足时，可以采用屏护措施，如加装固定遮栏等。

凡安装在室外地面上的变压器以及安装在车间或公共场所的变配电装置（或设备），都需要设置固定遮栏或栅栏作为屏护。遮栏高度不应低于 1.7 m，下部边缘离地面不应超过 0.1m。遮栏必须使用钥匙或工具才能移开。

3．安全间距

安全间距（即安全距离）是将带电体置于人和设备所及范围之外的防护措施。带电体与地面之间、带电体与其他设备或设施之间、带电体与带电体之间均应保持足够的安全间距。安全间距可以用来防止人体、车辆或其他物体触及或过分接近带电体，还有利于检修安全和防止电气火灾及短路等各类事故。应该根据电压高低、设备类型、环境条件及安装方式等决定安全间距大小。

在低压操作中，人体及其所带工具与带电体的距离不应小于 0.1 m。在高压无遮栏操作中，人体及其所带工具与带电体之间的最小间距视具体工作电压确定。

为了防止人体接近带电体，带电体安装时必须留有足够的检修间距。如果检修设备与带电部位的距离不满足安全间距要求，为保证检修人员的安全，应先将带电设备停电后再检修。

架空线路与地面、水面应保持一定的安全间距。架空线路与建筑物之间也应有一定的安全间距。架空线路与有爆炸、火灾危险的厂房之间应保持一定的防火间距。

4．剩余电流动作保护器

漏电是指电器绝缘损坏或其他原因造成导电部分碰壳时，如果电器的金属外壳是接地的，那么电通过电器的金属外壳经大地构成通路，从而形成电流，即漏电电流，也叫做接地电流。剩余电流动作保护器（俗称漏保，即漏电保护器）是一种在规定条件下电路中漏（触）电流值达到或超过其规定值时能自动断开电路或发出报警的触电防护装置。剩余电流动作保护器动作灵敏，切断电源时间短。只要能够合理选用和正确安装、使用剩余电流动作保护器，除了能够防止人身触电外，还有防止电气设备损坏及预防火灾的作用。

5．安全电压

把可能加在人身上的电压限制在某一范围之内，在这种电压下，通过人体的电流不超过允许的范围，这种电压叫做安全电压。应该注意，安全电压是相对的，任何情况下都不能把安全电压理解为绝对没有危险的电压。

我国确定的安全电压是 42、36、24、12、6V。特别危险环境中使用的手持电动工具应采用 42V 安全电压；有电击危险环境中，使用的手持式照明灯和局部照明灯应采用 36V 或 24V 安全电压；金属容器内、特别潮湿处等特别危险环境中使用的手持式照明灯应采用 12V 安全电压；在水下作业等场所工作应使用 6V 安全电压。当电气设备采用超过 24V 的安全电压时，还须采取防止直接接触带电体的保护措施。

6．保护接零与接地

正常时，电气设备的外壳或与其连接的金属体不带电。但是，当设备发生漏电故障时，平时不带电的外壳会带电，并与大地之间存在电压，可能造成操作人员触电，即间接触电，这种触电是非常危险的。为了防止间接触电，需将电气设备的外壳进行保护接地或保护接零。

（1）保护接零。将电气设备在正常情况下不带电的金属外壳与变压器中性点引出的工作零线或保护零线相连接，这种方式称为保护接零。当某相带电部分碰触电气设备的金属外壳时，通过设备外壳形成该相线对零线的单相短路回路，该短路电流较大，足以保证在最短的时间内使熔断器熔断、保护装置或低压断路器（又称自动开关、空气开关）跳闸，从而切断电流，保障人身安全。保护接零主要用于三相四线制中性点直接接地供电系统中的电气设备。

在中性点直接接地的低压配电系统中，为确保保护接零方式的安全可靠，防止零线断线所造成的危害，系统中除了工作接地外，还必须在整个零线的其他部位再进行必要的接地，称为重复接地。

（2）保护接地。保护接地是指将电气设备平时不带电的金属外壳与专门设置的接地装置进行良好的金属性连接。保护接地的作用是当设备金属外壳意外带电时，将其对地电压限制在规定的安全范围内，消除或减弱触电危害。保护接地常用于低压不接地配电网中的电气设备，即三相三线制供电系统中。

二、电气作业安全要求

（1）凡从事电气作业人员应佩戴合格的个人防护用品，作业时必须穿好工作服、戴安全帽，穿绝缘鞋（靴）、戴绝缘手套。高压绝缘鞋（靴）、高压绝缘手套等必须选用具有国家"劳动防护品安全生产许可证书"资质单位的产品且在检验有效期内。

（2）在带电设备上进行工作，必须有严肃的纪律约束、严格的工作组织和充分可靠的安全技术措施来保证。

（3）电气操作和检修须由两人进行，其中一人进行监护，严格履行安全职责。

（4）电气设备须有明显的警告、禁止标识，应有可靠的物理隔离措施。

（5）电气设备灭火时，应立即将有关设备的电源切断，采取紧急隔停措施。若无法切断电源或无法隔停时，应采取防触电措施。

（6）作业时，人体的正常活动范围与带电体应保持足够的安全距离。

（7）进行电气工作前，应先对工作的通电部位验电，只有确认设备不带电后方可进行工作。在工作中断一段时间重新开始之前，即使工作中断期间工作票并未押回或终结也必须先进行验电，此外必须杜绝单人工作，必须有工作监护人在场监护。

（8）严禁无票作业、搭票作业。

（9）电气设备倒闸操作，应严格执行"操作票"制度，杜绝电气误操作。

（10）检修工作开始前，工作许可人会同工作负责人共同到现场对照工作票逐项检查，确认所列安全措施完善和正确执行。工作许可人向工作负责人详细说明哪些设备带电、有压力、高温、爆炸和触电危险等，双方共同签字完成工作票许可手续。

（11）完成工作许可手续后，工作负责人（监护人）应向工作班人员交待现场安全措施、带电部位和其他注意事项。工作负责人（监护人）必须始终在工作现场，对工作班人员安全认真监护，及时纠正违反安全的动作。

（12）新增工作班成员应由工作负责人交待作业范围、内容和安全措施，作业人员应在工作票上签字。

（13）工作许可人在办理工作票终结手续时应对检修现场进行检查，确认各项工作都已完成，检修人员都已撤离现场，检修设备恢复原状后方可办理工作终结手续，恢复安全隔离措施。

（14）发生人身意外和设备事故时，应遵循先救人的原则。

（15）加强触电急救的学习，每人均应掌握触电急救方法和心肺复苏法。

第二节　高处作业安全

凡在坠落高度基准面2m以上（含2m）有可能坠落的高处进行的作业，均称为高处作业。高处作业的级别划分：2～5m，一级；

5 ～ 15m，二级；15 ～ 30m，三级；> 30m，四级。

一、高处作业安全要求

1．高处作业一般安全要求

高处作业一般安全要求包括：

（1）担任高处作业人员必须身体健康。患有精神病、癫痫病及经医师鉴定患有高血压、心脏病等不宜从事高处作业病症的人员，不准参加高处作业。凡发现工作人员有饮酒、精神不振时，禁止登高作业。

（2）凡能在地面上预先做好的工作，都必须在地面上做，尽量减少高处作业。

（3）作业负责人（含班组长）要对全体作业人员进行安全教育，进行危险点分析并做好预控措施。检查各种工具和防护用具、机电和其他设施是否安全可靠，发现问题应立即调整、更换，经确认符合安全要求才能开始作业。

（4）作业人员必须做好工作前的一切准备，检查脚手架和所用的工具、设施、安全用具等，按规定穿戴好防护用品，准备好安全带，裤脚要扎住，戴好安全帽，禁止穿光滑底、硬底鞋。

（5）安全带在使用前应进行检查，并应定期（每隔 6 个月）进行静荷重试验；试验荷重为 225kg，试验时间为 5min，试验后检查是否有变形、破裂等情况，并做好试验记录。不合格的安全带应及时处理。

（6）安全带的挂钩或绳子应挂在结实牢固的构件上，或专为挂安全带用的钢丝绳上。禁止挂在移动或不牢固的物件上。

（7）高处作业人员在上下时，不得乘坐货梯和非载人的吊笼，必须从指定的路线上下。

（8）无论任何情况，都不得在墙顶上工作或通行，严禁坐在高处的无遮栏处休息。

（9）使用的各种梯子必须符合标准规定，并应有防滑装置。梯顶无塔钩，梯脚不能稳固时必须有人扶梯。人字梯拉绳必须牢固可靠。

（10）高处作业应一律使用工具袋，不准将工具及材料上下投掷。较大的工具应用绳系牢后往下或往上吊送，以免打伤下方工作人员。如在格栅式的平台上工作，为了防止工具和器材掉落，应铺设木板。

（11）工具、材料要放平稳牢固。工作完毕后应及时将工具、零星材料、零部件等一切易坠落物件清理干净。

（12）在进行高处工作时，除有关人员外，不准他人在工作地点的下面通行或逗留，工作地点下面应有围栏或装设其他保护装置，防止落物伤人。如在格栅式的平台上工作，为了防止工具和器材掉落，应铺设木板。

（13）夜间作业必须设置足够的照明设施。

2．高处作业对脚手架的安全要求

高处作业对脚手架的安全要求包括：

（1）高处作业均须先搭建脚手架或采取防止坠落措施，方可进行。在没有脚手架或者在没有栏杆的脚手架上工作，高度超过1.5m时，必须使用安全带，或采取其他可靠的安全措施。

（2）脚手架不准超负荷使用（≤270kg/m²），禁止多人集中在一块脚手板上作业。超过3m长的铺板不能同时站2人工作。

（3）脚手板、斜道板、跳板和交通运输道，应随时清扫，不得有泥沙和冰雪，要采取有效防滑措施，并经工程负责人会同安全员检查同意后方可开工。

（4）不准将工具及材料上下投掷，要用绳系牢后往下或往上吊送，以免打伤下方工作人员或击毁脚手架。不准将易滚易滑的物件堆放在脚手架上。

（5）搭脚手架所用的杆柱可采用木杆、竹竿或金属管。木杆应采用剥皮杉木或其他各种坚韧的硬木。杨木、柳木、桦木、油松和其他腐朽折裂、枯节等易折断的木杆禁止使用。竹竿应采用坚固无伤的毛竹，但青嫩、枯黄或有裂纹、虫蛀以及受机械损伤的都不准使用。脚手架踏板的厚度不应小于5cm。

3．特殊场合高处作业安全要求

特殊场合高处作业安全要求包括：

（1）建筑施工靠近低压电源线路时，应距离低压电线至少2m，在2m以内时，应采取绝缘防护措施。距离10kV线路至少应在5m以外，否则应采取绝缘屏护及防止误触事故的措施。禁止在高压线附近作业。

（2）在坝顶、陡坡、屋顶、悬崖、杆塔、吊桥以及其他危险的边沿进行工作，临空一面应装设安全网或防护栏杆，否则，工作人员须使用安全带。

（3）峭壁、陡坡的场地或人行道上的冰雪、碎石、泥土须经常清理，靠外面一侧须设1m高的栏杆。在栏杆内侧设18cm高的侧板或土埂，以防坠物伤人。

（4）禁止登在不坚固的结构上（如石棉瓦屋顶）进行工作。为了防止误登，应在这种结构的必要地点挂上警告牌。当需要在石棉瓦等轻型屋面工作时，必须采取安全行走的技术措施，如铺设木板、跳板并加护绳等，在屋面下部增加安全网和安全带，不准在没有安全技术措施情况下冒险踩踏。

（5）进行高处焊接、氧割作业时，必须事先清除火星飞溅范围的易燃易爆品。若在锅炉、压力容器、金属构件、大中型产品工件等处作业高度大于等于2m时，必须搭设活动梯台、平台及防护栏网，禁止在无防护技术措施情况下登高作业。

（6）在电杆上进行作业前，应检查电杆及拉线埋设是否牢固，强度是否足够，并应选用适合杆型的脚扣，系好安全带。在构架及电杆作业时，地面应有专人监护、联络。登高工具应按规定进行检查与试验。

（7）严禁上下同时垂直作业。特殊情况必须垂直作业，应经有关领导批准，并在上下两层间设专用的防护棚或者其他隔离设施。

二、高处作业其他要求

1. 高处作业对天气的要求

高处作业对天气的要求包括：

（1）强风（阵风风力6级以上，风速100.8m/s）、异温（高、低温）、雪天、雨天、夜间、带电、悬空、抢救等情况应停止露天高处作业。

（2）气候条件。在气温低于-10℃进行露天高处作业时，施工场所附近应设取暖休息室。在气温高于35℃进行露天高处作业时，施工集中区域应设凉棚并配备适当的防暑降温设施和饮料。如遇有6级及以上大风或恶劣气候时，应停止露天高处作业。在霜冻或雨天进行露天高处作业时，应采取防滑措施。

2. 高处作业警示标志悬挂要求

高处作业警示标志悬挂要求包括：

（1）高处作业的地面应划出禁区，加设围栏（墙），并在作业区不同的位置悬挂有关的警示标志。

（2）禁区围栏（墙）与作业位置外侧间距为：一级高处作业为2～4m；二级高处作业为3～6m；三级高处作业为4～8m；四级高处作业为5～10m。任何人不准在禁区内休息或工作。

（3）根据高处作业的分级，应在作业区醒目处悬挂标记，写明级别种类和技术安全措施。在作业区人口处悬挂有关标志牌或危险信号旗，

提醒作业人员和其他有关人员注意安全。

第三节　焊接与切割作业安全

在电力生产和建设中广泛使用焊接工艺。焊接就是在金属连接处实行局部加热、加压或同时加压加热等方法，促使金属的原子或分子间相互扩散和结合，以达到永久牢固连接的工艺。

在焊接操作中，一旦失去控制，就会酿成爆炸、火灾、灼烫、触电和中毒等事故，给人身安全或国家财产造成严重的损失。因此，必须对从事焊接工作的人员进行专门的安全训练，经过考试合格后，才准许操作。

随着科学技术的不断发展，焊接方法也层出不穷，依据工作原理大致可分为加热和加压两种基本方法，即熔化焊和压力焊两大类。在电力工程中，常用的是气焊（割）和手工电弧焊（割）。

一、气焊（割）作业安全

（一）基本原理

1. 气焊的基本原理

气焊是利用乙炔和氧气混合燃烧的火焰热量来加热金属的一种熔化焊。气焊使用的设备有氧气瓶和乙炔瓶，主要工具有焊炬和胶管等，如图 3-1 所示。

2. 气割的基本原理

气割是利用乙炔和氧气混合燃烧的火焰热量加热金属后，立即从割嘴的中心槽中排出切割氧，使加热的金属燃烧成氧化物，并在熔化状态下被切割氧气流吹走，而使金属分开。气割使用的设备与工具同气焊基本一样，只是将焊炬换成割炬。

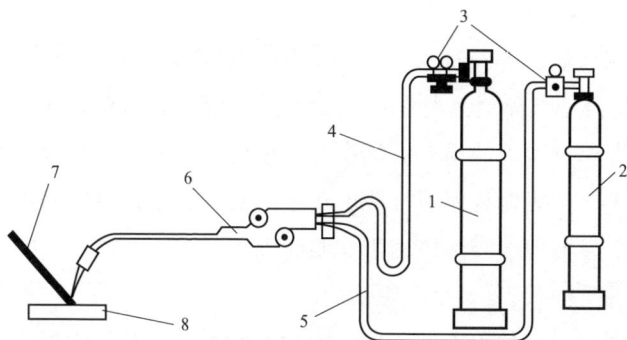

图 3-1 气焊的设备和工具

1—氧气瓶；2—乙炔瓶；3—减压阀；4—氧气胶管；5—乙炔胶管；
6—焊炬；7—焊丝；8—焊体

（二）气焊（割）作业安全要求

1．工作场所安全要求

（1）工作地点的设备、工具、焊件和材料等排列整齐，不得乱堆放，同时保持必要的通道，车辆通道不得小于3m，人行通道不得小于1.5m。

（2）在焊（割）操作点周围10m内，不得有可燃易爆物。如有不能撤离的可燃易爆物品（木材、化工原料等），应采取可靠的安全措施隔离火星，如用水喷湿或覆盖湿麻袋、石棉布等。

2．设备、工具安全要求

（1）氧气瓶外表面漆天蓝色，并有黑漆写的"氧气"字样；乙炔瓶的外表面漆白色，并标注红色的"乙炔"和"火不可近"字样。按照国家标准规定氧气胶管为黑色，乙炔胶管为红色。氧气和乙炔胶管不得互相混用和代用，不得用氧气吹除乙炔胶管内的堵塞物。

（2）氧气瓶与乙炔瓶的距离应大于8m，气瓶与明火的距离不得小于10m。氧气瓶与乙炔瓶不能同车搬运。在储运和使用过程中，应避免剧烈振动和撞击。搬运须用专门的抬架或小推车。

（3）乙炔瓶使用时只能直立，不能横卧，以防丙酮（溶解乙炔用）流出引起燃烧爆炸。

（4）氧气瓶、乙炔瓶在使用过程中不能全部用尽，必须留有余气。目的是预防其他气体倒流入瓶内，同时在充气时便于化验瓶内气体成分。

（5）焊（割）炬的检查。焊炬、割炬使用前先检查射吸性能，再检查是否漏气。如果发现射吸性能不正常或漏气，必须进行修理，否则严禁使用。不得把焊炬、割炬作为照明使用。

3．气焊、气割作业安全要求

（1）焊（割）炬点火前应检查连接处和各气阀的严密性。对新使用的焊炬和射吸式割炬，还应检查其射吸性能。

（2）发生回火时，应急速关乙炔，随即关氧气，倒袭的火焰在焊炬内会很快熄灭，防止火焰倒袭和产生烟灰。稍等片刻再开氧气，吹出残留在焊炬内的烟灰。在紧急情况下可拔去乙炔胶管。

（3）软管着火处理。乙炔管着火时，应首先将火焰熄灭，然后停止供气；氧气管着火时，应先关闭供气阀门，停止供气后再处理着火软管。不得用弯折软管的方法处理。

（4）清理工件表面。气割前应将工件表面的漆皮、锈层和油水污物等清理干净。在水泥地面切割时应垫高工作，防止锈皮和水泥爆溅伤人。

二、手工电弧焊（割）作业安全

（一）基本原理

1．手工电弧焊基本原理

手工电弧焊是利用电弧放电时产生的热量来熔化焊条及焊体，从而获得金属之间牢固连接的焊接方法。手工电弧焊的主要设备是电焊机。根据焊接电源不同分为交流电焊机和直流电焊机两类。交流电焊机是一个结构特殊的降压变压器，电焊机的降压特性是借助变压器中可动铁芯的漏磁作用来实现的。旋转式直流电焊机是用三相电动机带动一个结构特殊的直流发电机，电焊机的降压特性是借助电枢反应的去磁作用来实现的。所谓电枢反应，就是当焊接电流通过直流发电机转子（也称电枢）时，它所产生的磁通（也称电枢磁通）会起削弱原来磁场的作用。手工电弧焊的主要工具有焊钳和电缆等，操作防护主要用品有面罩和焊接专用手套等。

2．电弧切割基本原理

（1）碳弧气割。碳弧气割是利用碳极电弧的高温，把金属的局部加热到熔化状态，同时用压缩空气的气流把熔化金属吹掉，从而达到对金属进行切割的一种加工方法，目前，这种切割金属的方法在金属结构制造部门得到广泛应用。

碳弧气割过程中，压缩空气的主要作用是把碳极电弧高温加热而熔化的金属吹掉，还可以对碳棒电极起冷却作用，这样可以相应地减少碳棒的烧损。但是，压缩空气的流量过大时，将会使被熔化的金属温度降低，而不利于对所要切割的金属进行加工。

（2）碳弧刨割条。电弧刨割条的外形与普通焊条相同，是利用药皮在电弧高温下产生的喷射气流，吹除熔化金属、达到刨割的目的。工作时只需交、直流弧焊机，不用空气压缩机。操作时其电弧必须达到一定的喷射能力，才能除去熔化金属。

（3）等离子弧切割。等离子弧是自由电弧压缩而成的。在受到机械压缩、热压缩、磁压缩的作用下，等离子弧的能量集中、温度更高、焰流速度大。

（二）手工电弧焊（割）作业安全要求

1．手工电弧焊的安全要求

（1）焊条电弧焊焊接设备的空载电压一般为 50～90V，而人体所

能承受的安全电压为 30 ～ 45V，由此可见手工电弧焊焊接设备的空载电压高于人体所能承受的安全电压，所以当操作人员在更换焊条时，有可能发生触电事故。尤其在容器和管道内操作，四周都是金属导体，触电危险性更大。因此焊条电弧焊操作者在操作时应戴手套，穿绝缘鞋（靴）。

（2）焊接电弧弧柱中心的温度高达 6000 ～ 8000℃。焊条电弧焊时，焊条、焊件和药皮在电弧高温作用下，发生蒸发、凝结等，产生大量烟尘。同时，电弧周围的空气在弧光强烈辐射作用下，还会产生臭氧、氮氧化物等有毒气体，在通风不良的情况下，长期接触会引起危害焊工健康的多种疾病。因此焊接环境应通风良好。

（3）焊接时人体直接受到弧光辐射（主要是紫外线和红外线的过度照射）时，会引起操作者眼睛和皮肤的疾病。因此操作者在操作时应戴防护面具和穿工作服。

（4）焊条电弧焊操作过程中，由于电焊机线路故障或者飞溅物引燃可燃易爆物品以及燃料容器管道补焊时防爆措施不当等，都会引起爆炸和火灾事故。

（5）严禁将焊接电缆或气焊、气割的橡皮软管缠绕在身上操作，以防触电或燃爆。

2．手工电弧切割安全要求

电弧切割时，除应知道焊条电弧焊的安全特点外，还应注意以下几点：

（1）电弧切割过程中，由于有压缩空气的存在，露天操作时，应注意顺风方向进行操作，以防吹散的熔渣烧坏工作服和灼伤皮肤，并要注意周围场地的防火。

（2）在容器或舱室内部操作时，内部空间尺寸不能过于窄小，并要加强抽风及排除烟尘措施。

（3）切割时应尽量使用带铜皮的专用碳棒。

（4）电弧切割时使用电流较大，连续工作时间较长，要注意防止电焊机超载，以免烧毁电焊机。

（5）电弧切割时烟尘大，操作者应佩戴送风式面罩。作业场地必须采取排烟除尘借施，加强通风。为了控制烟尘的污染，可采用水弧气刨。

▌三、高处焊接与切割作业安全要求

（1）登高作业人员必须经过健康检查。患有高血压、心脏病、精神病以及不适合登高作业的人员不得登高焊割作业。

（2）恶劣天气，如6级以上大风、下雨、下雪或雾天，不得登高焊割作业。

（3）高处焊割作业，火星飞得远，散落面大，应注意风向风力，对下风方向的安全距离应根据实际情况增大，以确保安全。焊割作业结束后，应检查是否留有火种，确认合格后方可离开现场。

（4）高处进行焊割作业者，衣着要灵便，戴好安全帽，穿胶底鞋，禁止穿硬底鞋和带钉易滑的鞋。要使用标准的防火安全带，不能用耐热性差的尼龙安全带，而且安全带应牢固可靠，长度适宜。

（5）焊条头不得乱扔，以免烫伤、砸伤地面人员，或引起火灾。所使用的焊条、工具、小零件等必须装在牢固的无孔洞的工具袋内，防止落下伤人。

（6）登高的梯子应符合安全要求，梯脚需防滑，上下端放置应牢靠，与地面夹角不应大于60°。使用人字梯时夹角约40°±5°为宜，并用限跨铁钩挂住。不准2人在一个梯子上（或人字梯的同一侧）同时作业。禁止使用盛装过易燃易爆物质的容器（如油桶、电石桶等）作为登高的垫脚物。

（7）使用安全网时要张挺，要层层翻高，不得留缺口。脚手板宽度单人道不得小于0.6m，双行人道不得小于1.2m，上下坡度不得大于1∶3，板面要钉防滑条并装扶手。板材需经过检查，强度足够，不能有机械损伤和腐蚀。

（8）电焊机及其他焊割设备与高处焊割作业点的下部地面保持10m以上的距离，并应设监护人，以备在情况紧急时立即切断电源或采取其他抢救措施。

（9）在高处进行焊割作业时，为防止火花或飞溅引起燃烧和爆炸事故，应把动火点下部的易燃易爆物移至安全地点。对确实无法移动的可燃物品要采取可靠的防护措施；在允许的情况下，还可将可燃物喷水淋湿，增强耐火性能。

（10）登高焊割作业不得使用带有高频振荡器的焊接设备。

（11）登高焊割作业应避开高压线、裸导线及低压电源线。不可避开时，上述线路必须停电，并在电闸上挂上"有人工作，严禁合闸"的警告牌。

四、容器内焊接与切割作业安全要求

容器内焊接与切割作业安全要求包括：

（1）焊工所穿衣服、鞋、帽等必须干燥，脚下应垫绝缘垫。

（2）在封闭式容器或坑井内工作时，工作人员应系安全绳，绳的一端交由容器外的监护人拉住。

（3）严禁将漏气的焊炬、割炬和橡胶软管带入容器内。

（4）焊炬、割炬不得在容器内点火。在工作间歇或工作完毕后，应及时将气焊，气割工具拉出容器。

（5）在焊接时，应打开门窗进行自然通风，必要时采用机械通风，降低可燃气体浓度，防止形成可燃性混合气体。

（6）在容器内工作，应有人监护，并有良好的通风设施和照明设施。

（7）在金属容器内工作时，应设通风装置，内部温度不得超过40℃。

（8）严禁用氧气作为通风的风源。

（9）对乙炔发生器焊接时，应先用黄铜、铝或木料做好的扒子将电石渣扒掉，再用水冲洗干净后，才能焊接。

（10）盛装汽油、煤油、酒精、电石等易燃、易爆物质的容器，禁止焊接（锡焊除外）。

（11）装过煤油、汽油或油脂的容器焊接时，应先用热碱水冲洗，再用蒸汽吹洗几小时、打开桶盖，用火焰在桶口试一下，确信已清洗干净后，才能焊接。

（12）对各种容器、管道，沾有可燃气体和溶液的工件进行操作前应先检查，冲洗掉有毒有害、易燃易爆物质，解除容器及管道压力，消除容器密闭状态，动火前应对容器内物质采样分析，合格后再进行工作。

（13）凡在易燃、易爆车间动火焊补，或者采用带压不置换动火法，在容器管道裂缝大、气体泄漏量大的室内外焊补时，必须分析动火点周围不同部位滞留的可燃物含量，确实安全可靠时才能施焊。

（14）在金属容器内不得同时进行电焊、气焊或气割工作。

（15）金属容器内工作时，必须采取防止触电的措施，如金属容器必须可靠接地等；行灯变压器严禁带入金属容器或坑井内。

（16）在金属容器内进行焊接或切割工作时，入口处应设专人监护并设电焊机二次回路的切断开关。监护人应与内部工作人员保持联系，电焊工作中断时应及时切断焊接电源。

五、气瓶搬运安全要求

气瓶搬运安全要求包括：

（1）气瓶搬运应使用专门的抬架或手推车。

（2）运输气瓶时，应安放在特制半圆形的承窝木架内，如没有承窝木架时，可以在每一气瓶上套以厚度不少于25mm的绳圈或橡皮圈2个，以免互相撞击。

（3）全部气瓶的气门都应朝向一面。

（4）用汽车运输气瓶时，气瓶不准顺车厢纵向放置，应横向放置。气瓶押运人员应坐在司机驾驶室内，不准坐在车箱内。

（5）为防止气瓶在运输途中滚动，应将其可靠地固定住。

（6）用汽车或铁道敞车运输气瓶时，应用帆布遮盖，以防止烈日曝晒。

（7）不论是已充气或空的气瓶，应将瓶颈上的保险帽和气门侧面连接头的螺帽盖盖好后才许运输。

（8）运送氧气瓶时，必须保证气瓶不致沾染油脂、沥青等。

（9）严禁把氧气瓶及乙炔瓶放在一起运送，也不准与易燃物品或装有可燃气体的容器一起运送。

第四节　起重作业安全

起重是指采用相应的机械设备和设施来完成结构吊装和设施安装，属于危险作业，作业环境复杂，技术难度大。起重的设备及工具种类繁多，除大型的龙门式、塔式起重机外，在施工现场常见的起重设备有千斤顶、链条葫芦、滑车和滑车组、卷扬机、汽车式起重机、履带式起重机等；常见的起重工具有麻绳、钢丝绳、钢绳夹头、吊环和吊钩、卸卡、地锚等。

▌一、起重作业一般安全要求

起重作业一般安全要求包括：

（1）起重作业属于特种作业，必须按国家有关规定经专门安全作业培训，取得特种作业操作资格证书的人员，方可上岗作业。取得一种或几种起重操作资格证书的驾驶人员，去承担另一种新型起重设备的驾驶工作前，应经过该项新设备的单独测验，取得合格证后方可正式工作。

（2）在露天有 6 级以上大风或大雨、大雪、大雾等天气时，应停止起重吊装作业。

（3）一切重大物件的起重、搬运工作须由有经验的专人负责领导进行，参加工作的人员应熟悉起重搬运方案和安全措施。起重搬运时只能由一人指挥，指挥人员应由经专业技术培训取得合格证的人员担任。

（4）作业前应根据作业特点编制专项施工方案，并对参加作业人员进行方案和安全技术交底。

（5）作业时周边应置警戒区域，设置醒目的警示标志，防止无关人员进入。特别危险处应设监护人员。

（6）吊装过程必须设有专人指挥，其他人员必须服从指挥。起重指挥不能兼作其他工种，并应确保起重司机清晰准确地听到指挥信号。

（7）起重机作业时，起重臂和吊物下方严禁有人停留、工作或通过。重物吊运时，严禁人从上方通过；严禁用起重机载运人员。

（8）作业人员应结合现场作业条件，选择安全的位置作业。卷扬机与地滑轮穿越钢丝绳的区域，禁止人员站立和通行。

（9）禁止利用任何管道悬吊重物和起重滑车。

（10）构件存放场地应该平整坚实。构件叠放用方木垫平，必须稳固，不准超高（一般不宜超过1.6m）。构件存放除设置垫木外，必要时要设置相应的支撑，提高其稳定性。禁止无关人员在堆放的构件中穿行，防止发生构件倒塌挤人事故。

（11）各种起重机检修时，应将吊钩降放在地面。

（12）起重机械和起重工具的工作负荷，不准超过铭牌规定。在特殊情况下，如必须超铭牌使用时，应经过计算和试验，并经厂（局）主管生产的领导（总工程师）批准。没有制造厂铭牌的各种起重机具，应经查算，并作荷重试验后，方准使用。

（13）遇有大雾、照明不足、指挥人员看不清各工作地点或起重驾驶人员看不见指挥人员时，不准进行起重工作。

▌二、起重设备安全要求

起重设备安全要求包括：

（1）各种起重设备的安装、使用以及检查、试验等，并应执行劳动部门公布的《起重机械安全管理规程》。

（2）各企业在进行大修、改进工程与基本建设建筑安装工作前，对于起重工作所采用起重设备的规范与安全操作条例，必须在施工组织设计中明确规定。

（3）对于起重能力在50t以上的起重设备，有关的工程设计单位应参加设备的定货、验收、试运转及鉴定起重设备的安全技术问题。

（4）接交起重设备时，应由交付单位提出设备构造、装配、安全操作与维护的说明书；接受单位按说明书及清单上的规定进行验收。

（5）对于须经过安装、试车、运行的起重设备以及它的电力、照明、取暖等接线，行驶轨道或路面、路基的状况及号志的设置等一切有关部分，均应由有关的专门技术人员进行检查和试验，出具书面证明设备全面安全可靠后，方可正式投入使用。

（6）起重机的静力试验的是检查起重设备的总强度和制动器的动作。试验的方法是加上最大工作荷重量提升离地约100mm，使其悬吊10min，然后将负荷增加10%，再吊10min，检查整个起重设备的状况和部件。新安装或大修后的起重机应将负荷增加25%，再吊10min，然后进行检查。桥式及龙门式起重机和高架起重机等在进行静力试验时，还应测量构架的挠曲弯度，其数值不准超过规定标准。

三、起重工具安全要求

（1）手动倒链。操作人员应经培训合格方可上岗作业。吊物时应挂牢后慢慢拉动倒链，不得斜向拽拉。当一人拉不动时，应查明原因，禁止多人一齐猛拉。

（2）手搬葫芦。操作人员应经培训合格方可上岗作业。使用前应检查自锁夹钳装置的可靠性，当夹紧钢丝绳后，应能往复运动，否则禁止使用。

（3）千斤顶。操作人员应经培训合格方可上岗作业。千斤顶应置于平整坚实的地面上，并垫木板或钢板，防止地面沉陷。顶部与光滑物接触面应垫硬木以防止滑动。开始操作应逐渐顶升，注意防止顶歪，始终保持重物的平衡。

四、起重作业"十不吊"

（1）超载或被吊物重量不明时不吊。

（2）指挥信号不明确时不吊。

（3）捆绑、吊挂不牢或不平衡可能引起吊物滑动时不吊。

（4）被吊物上有人或有浮置物时不吊。

（5）结构或零部件有影响安全工作的缺陷或损伤时不吊。

（6）遇有拉力不清的埋置物时不吊。

（7）歪拉斜吊重物时不吊。

（8）工作场地昏暗，无法看清场地、被吊物和指挥信号时不吊。

（9）重物棱角处与捆绑钢丝绳之间未加衬垫时不吊。

（10）钢（铁）水包装得太满时不吊。

第四章
消防安全常识

在电力生产过程中，有许多容易引起火灾的客观因素。如火电厂存有大量的煤、煤粉、原油、可燃气体，汽轮机的透平油，变压器、断路器的绝缘油，发电机冷却用的氢气，多而长的电缆以及变电运行中带油设备的短路电弧等，如果防火措施不力，都极容易酿成火灾事故。因此，为确保发电厂、变电站及电力生产的消防安全，必须认真贯彻"预防为主，防消结合"的方针，严格执行 DL 5027—2015《电力设备典型消防规程》，切实落实原电力工业部和公安部颁发的各项消防及防火技术措施，完善电力生产区域必配的消防设施，提高全体职工的消防安全意识和消防安全知识。

第一节　消防基本常识

依据《中华人民共和国消防法》第二条：消防工作贯彻预防为主，防消结合的方针。在消防工作中，要把火灾预防放在首位，积极贯彻落实各项防火措施，力求防止火灾的发生。无数事实证明，只要人们具有较强的消防安全意识，自觉遵守、执行消防法律、法规以及国家消防技术标准，遵守安全操作规程，大多数火灾是可以预防的。在现实生活中

各种火灾时有发生，因此人们必须切实做好扑救火灾的各项准备工作，一旦发生火灾，能够及时发现，有效扑救，最大限度地减少人员伤亡和财产损失。

▌一、基本概念

1．消防工作的原则

消防工作，要坚持专门机关与群众相结合的原则。这一原则是消防工作的基本属性决定的，是多年来我国消防工作经验的总结和升华。消防工作涉及各行各业、关系千家万户，是全民的一项重要工作。因此要做好消防工作，不仅需要专门的消防组织（公安消防机构），也需要广大人民群众的共同参与。

2．消防工作的任务

消防工作的主要任务是预防火灾和减少火灾危害，加强应急救援工作，保护人身、财产安全，维护公共安全。具体有以下几项内容：

（1）控制、消除发生火灾、爆炸的一切不安全条件和因素。

（2）限制、消除火灾、爆炸蔓延、扩大的条件和因素。

（3）保证有足够的安全口和通道，以便人员逃生和物资疏散。

（4）彻底查清火灾、爆炸原因，做到"四不放过"：即事故原因不查清不放过、责任人员未处理不放过、整改措施未落实不放过、有关人员未受到教育不放过。

3．消防应急程序

员工发现火灾应立即呼救并拨打火警电话报警，起火部位现场员工应在短时间内形成第一灭火力量，采取如下措施：

（1）火灾报警按钮或电话附近的员工，立即摁下按钮或拨电话通知消防值班人员。

（2）消防设施、器材附近的员工使用现场消火栓、灭火器等设施器材灭火。

（3）疏散通道或安全出口附近的员工引导人员疏散。

二、燃烧与火灾

1. 物质燃烧的条件

当具备可燃物、助燃物和火源三个基本条件，且三者互相结合，互相作用，物质就会燃烧。例如生火炉，只有具备了木材（可燃物）、空气（助燃物）、火柴（火源）三个条件，才能使火炉点燃。一切防火灭火行为都是为了防止或终止燃烧条件互相结合互相作用而采取的针对性措施。

2. 火灾的定义与分类

（1）火灾的定义。在时间和空间上失去控制的燃烧所造成的灾害。

（2）火灾的分类：火灾分为A、B、C、D四类。A类火灾：指固体物质火灾。这种物质往往具有有机物性质，一般在燃烧时能产生灼热的余烬，如木材、棉、毛、麻、纸张火灾等。B类火灾：指液体火灾和可熔化的固体火灾，如汽油、煤油、原油、甲醇、乙醇、沥青、石蜡火灾等。C类火灾：指气体火灾，如煤气、天然气、甲烷、乙烷、丙烷、氢气火灾等。D类火灾：指金属火灾，如钾、钠、镁、钛、锆、锂、铝镁合金火灾等。

三、消防安全标志及设置规范

消防安全标志是指用以表达与消防有关的安全信息，由安全色、边框、以图像为主要特征的图形符号或文字构成的标志。

在主控制室、继电器室、通信室、自动装置室、变压器室、配电装置室、电缆隧道等重点防火部位入口处以及储存易燃易爆物品仓库门口

处应合理配置灭火器等消防器材，在火灾易发生部位设置火灾探测和自动报警装置。

各生产场所应有逃生路线的标示，楼梯主要通道门上方或左（右）侧装设紧急撤离提示标志。

常用消防安全标志名称、图形标志示例及设置规范见表4-1。

表4-1　　　　常用消防安全标志、图形标志示例及设置规范

序号	名称	图形标志示例	设置范围和地点
1	消防手动启动器		依据现场环境，设置在适宜、醒目的位置
2	火警电话		依据现场环境，设置在适宜、醒目的位置
3	消火栓箱		设置在生产场所构筑物内的消火栓处
4	地上消火栓		固定在距离消火栓1m的范围内，不得影响消火栓的使用

续表

序号	名称	图形标志示例	设置范围和地点
5	地下消火栓		固定在距离消火栓 1m 的范围内，不得影响消火栓的使用
6	灭火器		悬挂在灭火器、灭火器箱的上方或存放灭火器、灭火器箱的通道上。泡沫灭火器器身上应标注"不适用于电火"字样
7	消防水带		指示消防水带、软管卷盘或消防栓箱的位置
8	灭火设备或报警装置的方向		指示灭火设备或报警装置的方向
9	疏散通道方向		指示到紧急出口的方向。用于电缆隧道指向最近出口处
10	紧急出口		便于安全疏散的紧急出口处，与方向箭头结合设在通向紧急出口的通道、楼梯口等处

序号	名称	图形标志示例	设置范围和地点
11	消防水池	1号消防水池	装设在消防水池附近醒目位置，并应编号
12	消防沙池（箱）	1号消防沙池	装设在消防沙池（箱）附近醒目位置，并应编号
13	防火墙	1号防火墙	在变电站的电缆沟（槽）进入主控制室、继电器室处和分接处、电缆沟每间隔约60m处应设防火墙，将盖板涂成红色，标明"防火墙"字样，并应编号

第二节　常用灭火器材

　　常用的消防器材包括灭火器（包括干粉灭火器、泡沫灭火器、二氧化碳灭火器等）、消火栓系统、消防破拆工具等。灭火器是由筒体、器头、喷嘴等部件组成的，借助驱动压力可将所充装的灭火剂喷出，达到灭火的目的。灭火器由于结构简单，操作方便，轻便灵活，因此使用面广，是扑救初期火灾的重要消防器材，常用灭火器如图4-1所示。

　　1. 干粉灭火器

　　（1）灭火原理。干粉灭火器内充装的是干粉灭火剂。干粉灭火剂是用于灭火的干燥且易于流动的微细粉末，由具有灭火效能的无机盐和少

图 4-1 常用灭火器

量的添加剂经干燥、粉碎、混合而成微细固体粉末组成。它是一种在消防中得到广泛应用的灭火剂，且主要用于灭火器中。一是靠干粉中的无机盐的挥发性分解物，与燃烧过程中燃料所产生的自由基或活性基团发生化学抑制和副催化作用，使燃烧的链反应中断而灭火；二是靠干粉的粉末落在可燃物表面外，发生化学反应，并在高温作用下形成一层玻璃状覆盖层，从而隔绝氧，进而窒息灭火。另外，还有部分稀释氧和冷却作用。除扑救金属火灾的专用干粉化学灭火剂外，干粉灭火剂一般分为 BC 干粉灭火剂（碳酸氢钠）和 ABC 干粉（磷酸胺盐）两大类。干粉灭火器有手提式和推车式两种类型，如图 4-2 和图 4-3 所示。

（2）使用方法与适用范围。最常用的开启方法为压把法，将灭火器提到距火源 3～5m 后，拔去保险销，喷管对准火焰根部，反复压下压把，灭火剂便会喷出灭火。开启干粉灭火棒时，左手握住其中部，将喷嘴对准火焰根部，右手拔掉保险销，顺时针方向旋转开启旋钮，打开储气瓶，滞时 1 ～ 4s，干粉便会喷出灭火。如图 4-4 所示。

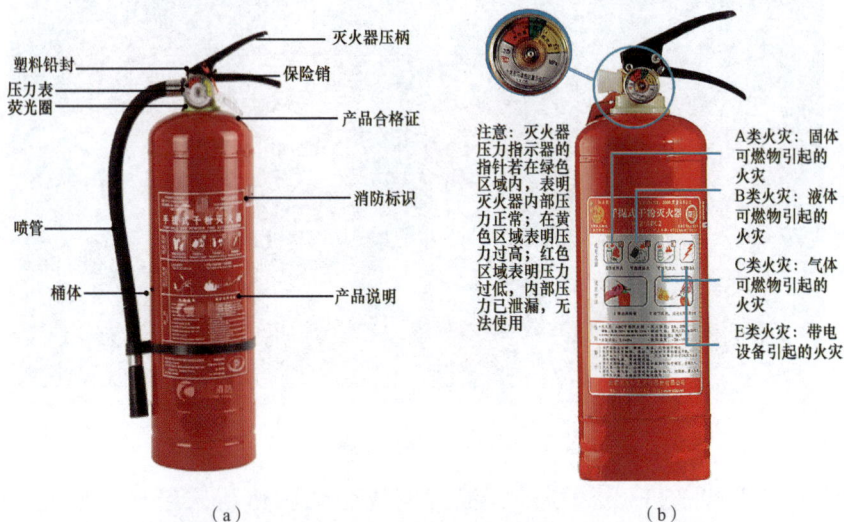

（a）

（b）

塑料铅封
压力表
荧光圈
喷管
桶体

灭火器压柄
保险销
产品合格证
消防标识
产品说明

注意：灭火器压力指示器的指针若在绿色区域内，表明灭火器内部压力正常；在黄色区域表明压力过高；红色区域表明压力过低，内部压力已泄漏，无法使用

A类火灾：固体可燃物引起的火灾
B类火灾：液体可燃物引起的火灾
C类火灾：气体可燃物引起的火灾
E类火灾：带电设备引起的火灾

（c）

图 4-2　手提式干粉灭火器

（a）手提式干粉灭火器结构；（b）手提式干粉灭火器注意事项；

（c）手提式干粉灭火器类型

图4-3 推车式干粉灭火器

2.抬高于挂带，取下灭火器。

1.5m

地面

1.右手抓住提把，左手托住灭火器底部，抬起灭火器。

4.左手扶着灭火器，右手拔出保险销。

3.手提灭火器奔赴火场。

5.左手提着灭火器，右手托住灭火器底部。

6.压下压把，向火焰根部喷射。

适用范围：
(B、C类) 适用于扑灭液体和可融化固体、气体燃烧的火及电器设备火灾，如：汽油、塑料。
(A、B、C类) 可扑灭固体可燃物燃烧的火，如：木材。

图4-4 干粉灭火器使用方法和适用范围

2．泡沫灭火器

（1）灭火原理。泡沫灭火器内充装的是泡沫灭火剂。凡能与水混合，用机械或化学反应的方法产生灭火泡沫的灭火剂，称为泡沫灭火剂。泡沫灭火剂分为化学泡沫和空气泡沫两大类。由于泡沫的密度远远小于一般的可燃、易燃液体，因此可以飘浮在液体的表面，形成保护层。使燃烧物与空气隔断，达到窒息灭火的目的。它主要用于扑灭一般可燃、易燃的火灾；同时泡沫还有一定的黏性，能黏附在固体上，所以对扑灭固体火灾也有一定效果。和干粉灭火器一样，也有手提式和推车式两种类型，如图 4-5 所示。

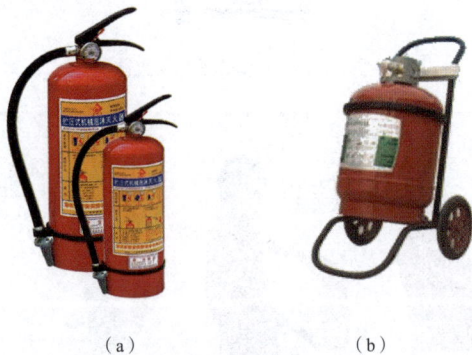

（a）　　　　　　　　　　　　（b）

图 4-5　泡沫灭火器

（a）手提式泡沫灭火器；（b）推车式泡沫灭火器

（2）适用范围。主要扑救非水溶性可燃、易燃液体火灾和一般固体物质火灾，以及仓库、飞机库、地下室、地下道、矿井、船舶等有限空间的火灾。

（3）使用方法。手提式泡沫灭火器上部的提环（注意不得使灭火器过分倾斜，更不能横拿或颠倒），当距离燃烧点 8m 左右时，将灭火器颠倒，一只手紧握提环，另一只手扶住灭火器底圈，对准燃烧点，由近至远进行喷射。泡沫灭火器使用方法如图 4-6 所示。

右手捂住喷嘴

把灭火器颠倒过来，用力上下晃动几下

图4-6　泡沫灭火器使用方法（一）

放开喷嘴喷射

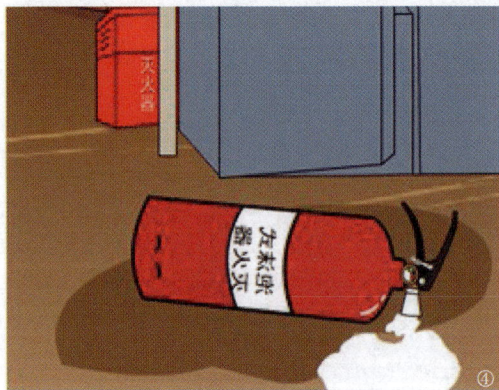

使用后把灭火器卧放在地上，喷嘴朝下

图4-6　泡沫灭火器使用方法（二）

3．二氧化碳灭火器

（1）灭火原理。二氧化碳灭火剂主要依靠窒息作用和部分冷却作用灭火，它是一种具有100多年历史的灭火剂，具有价格低廉，获取、制备容易等优点。和干粉灭火器一样，也有手提式和推车式两种类型，二氧化碳灭火器如图 4-7 所示。

图 4-7　二氧化碳灭火器

（2）适用范围。各种易燃、可燃液体、可燃气体火灾，还可扑救仪器仪表、图书档案、贵重设备和低压电器设备等的初起火灾。

（3）使用方法。拔出保险销，一只手握住喇叭筒根部的手柄，另一只手紧握启闭阀的压把。对没有喷射软管的二氧化碳灭火器，应把喇叭筒往上扳 70° ～ 80°。使用时，不能直接用手抓住喇叭筒外壁或金属连接管，以防手被冻伤。在室外使用时，应选择上风方向喷射；在室内窄小空间使用时，灭火后操作者应迅速离开，以防窒息。手提式二氧化碳灭火器使用方法如图 4-8 所示。推车式二氧化碳灭火器使用方法如图 4-9 所示。

撕掉铅封，拔掉保险销

将喷嘴对准火源根部

按下压把喷射灭火

使用二氧化碳灭火器时小心冻伤

图 4-8　手提式二氧化碳灭火器使用方法

注：1. 不能水平或颠倒使用灭火器。
　　2. 灭火器严禁挪用、损坏和遮蔽。

4. 消火栓使用方法

　　室内消火栓一般都设置在建筑物公共部位的墙壁上，有明显的标志，内有水龙带和水枪。当发生火灾时，找到离火场距离最近的消火栓，打开消火栓箱门，取出水带，将水带的一端接在消火栓出水口上，另一端接好水枪，拉到起火点附近后方可打开消火栓阀门，如图 4-10 所示。注意：在确认火灾现场供电已断开的情况下，才能用水进行扑救。

展开软管	逆时针拧开阀门到顶	摘下喷筒距燃烧物5m左右	灭火时对准火焰斜上方

(a)

A类火 普通的固体材料火	B类火 可燃液体火	C类火 气体和蒸汽火	E类火 带电物质火

(b)

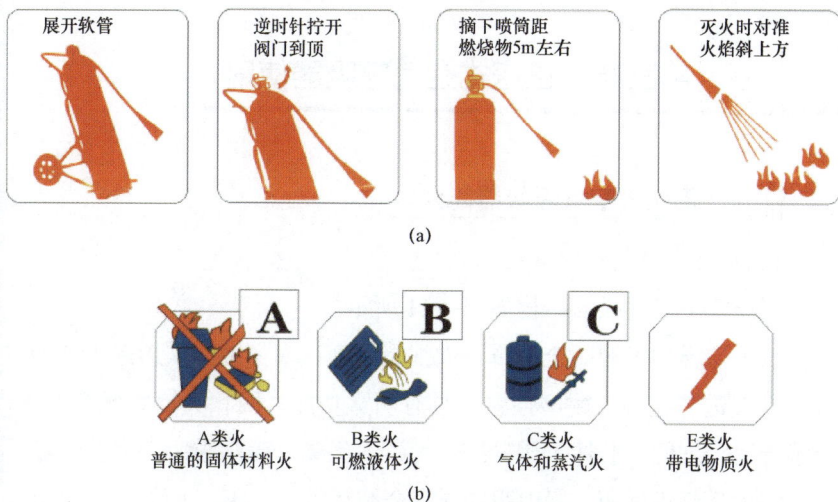

图4-9 推车式二氧化碳灭火器使用方法

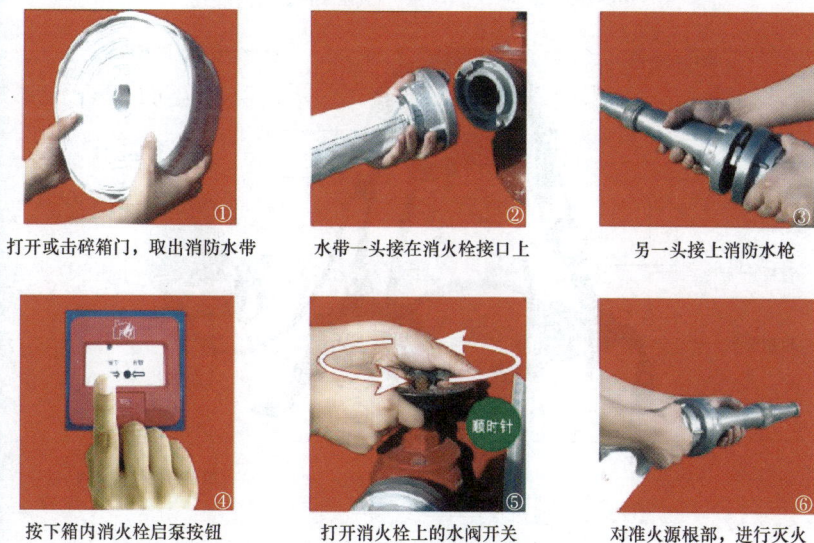

打开或击碎箱门,取出消防水带 ①	水带一头接在消火栓接口上 ②	另一头接上消防水枪 ③
按下箱内消火栓启泵按钮 ④	打开消火栓上的水阀开关 ⑤ 顺时针	对准火源根部,进行灭火 ⑥

图4-10 消火栓使用方法

第三节 正压式空气呼吸器使用

一、正压式空气呼吸器简介

1.正压式空气呼吸器

正压式空气呼吸器结构如图 4-11 所示。

（1）防雾型大视野全面罩：大视野面窗，面窗镜片采用聚碳酸酯材料，具有透明度高、耐磨性强、具有防雾功能，网状头罩式佩戴方式，佩戴舒适、方便，胶体采用硅胶，无毒、无味、无刺激，气密性能好。

（2）碳纤维气瓶：铝内胆碳纤维全缠绕复合气瓶，工作压力 30MPa，具有质量轻、强度高、安全性能好，瓶阀具有高压安全防护装置。

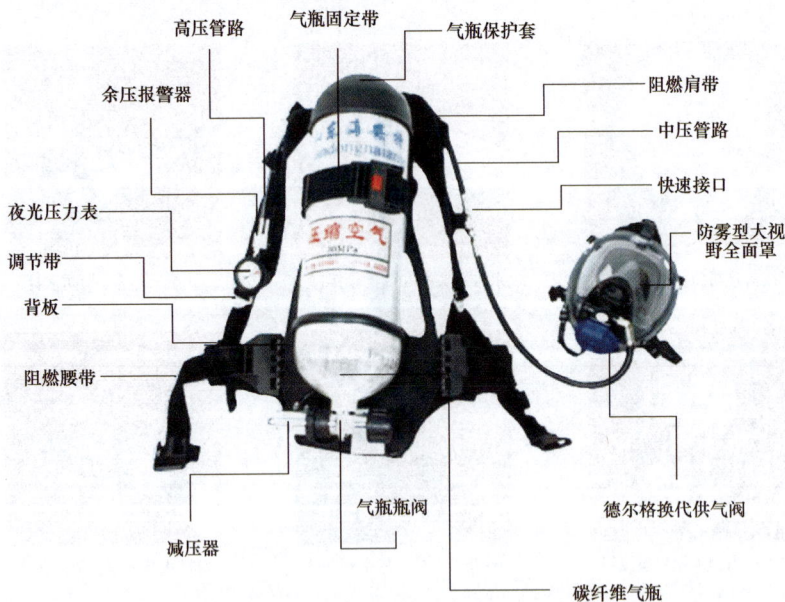

图 4-11 正压式空气呼吸器

（3）瓶带组：瓶带卡为一快速凸轮锁紧机构，并保证瓶带始终处于一闭环状态。气瓶不会出现翻转现象。

（4）阻燃肩带：由阻燃聚酯织物制成，背带采用双侧可调结构，使重量落于腰胯部位，减轻肩带对胸部的压迫，使呼吸顺畅。并在肩带上设有宽大弹性衬垫，减轻对肩的压迫。

（5）余压报警器：置于胸前，报警声易于分辩，体积小、重量轻。

（6）夜光压力表：大表盘、具有夜视功能，配有橡胶保护罩。

（7）气瓶瓶阀：具有高压安全装置，开启力矩小。

（8）减压器：体积小、流量大、输出压力稳定。

（9）背板：背托设计符合人体工程学原理，由碳纤维复合材料注塑成型，具有阻燃及防静电功能，质轻、坚固，在背托内侧衬有弹性护垫，可使配戴者舒适。

（10）阻燃腰带：卡扣锁紧，易于调节。

（11）快速接口：小巧，可单手操作，有锁紧防脱功能。

（12）供气阀：结构简单，功能性强，输出流量大，具有旁路输出，体积小。

2．正压式空气呼吸器特点

正压式空气呼吸器特点是：

（1）配有视野广阔、明亮、气密良好的全面罩，供气装置配有体积较小、重量轻、性能稳定的新型供气阀。

（2）选用高强度背板和安全系数较高的优质高压气瓶。

（3）减压阀装置装有残气报警器，在规定的气瓶压力范围内，可向佩戴者发出声响信号，提醒使用人员及时撤离现场。

（4）具有重量轻、体积小、使用；维护方便、佩带舒适、性能稳定等优点，是从事抢险救灾、灭火作业理想的个人呼吸保护装置。

3．正压式空气呼吸器应用范围

正压式空气呼吸器是一种自给开放式消防空气呼吸器，主要用于下列环境中进行灭火或抢险救援时使用：

（1）有毒，有害气体环境。

（2）烟雾，粉尘环境。

（3）空气中悬浮有害物质污染物。

（4）空气氧气含量较低，人不能正常呼吸。

（5）消防员或抢险救护人员在浓烟、毒气、蒸汽或缺氧等各种环境下安全有效地进行灭火，抢险救灾和救护工作。

（6）用于消防、化工、船舶、石油、冶炼、仓库、试验室、矿山。

■二、佩戴前的准备与检查

正压式空气呼吸器佩戴前应做以下准备与检查，如图4-12所示。

① 取出面罩

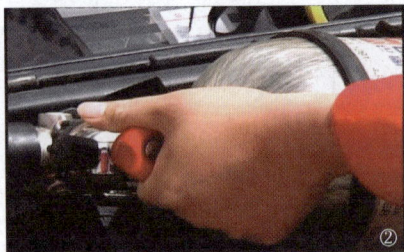

② 将减压阀手轮左旋1.5~2圈，检查气瓶气压

③ 将减压阀手轮右旋，关上气瓶开关

④ 检查高压软管、中压软管是否漏气

图4-12 正压式空气呼吸器佩戴前的准备与检查（一）

观察压力表是否有压降 ⑤

轻按供气阀上的黄色按钮 ⑥

缓慢释放管路气体的同时观察压力表的变化情况 ⑦

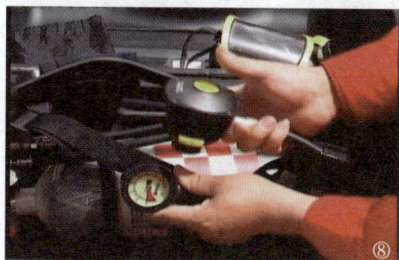

当压力低于5±0.5MPa时 听报警哨是否报警 ⑧

图 4-12　正压式空气呼吸器佩戴前的准备与检查（二）

（1）取出面罩，将减压阀手轮左旋 1.5～2 圈，检查气瓶气压。

（2）将减压阀手轮右旋关上气瓶开关，检查高压、中压软管是否漏气，观察压力表是否有压降，如图 4-13 所示。检查管路气密性时，打开气瓶再关上气瓶，1min 内压力表的下降不超过 2MPa。

（3）轻按供气阀上的黄色按钮，缓慢释放气体的同时观察压力表的变化情况，当压力低于 5±0.5MPa 时，听报警哨是否报警。

三、正确佩戴方法

正压式空气呼吸器正确佩戴方法如图 4-13 所示。

① 将减压阀手轮左旋1.5~2圈，打开气瓶开关

② 两手反抓气瓶背带，气瓶面向自己

③ 背上背架气瓶

④ 拉住肩带扣环，向上跳，拉紧肩带

⑤ 松开安全帽系绳，将安全帽推到背后

⑥ 将面罩由下颚部套入并贴合面部

⑦ 均匀地由上至下抽拉束带的五个端部

⑧ 用手掌堵住供气接口，检查面罩密封是否完好

图4-13　正压式空气呼吸器正确佩戴方法（一）

戴上安全帽，系好安全帽系绳　　　　　将供气阀连接在面罩的供气接口处

图 4-13　正压式空气呼吸器正确佩戴方法（二）

（1）将减压阀手轮左旋 1.5 ～ 2 圈，检查气瓶气压，两手反抓气瓶背带，气瓶面向自己。

（2）背上背架气瓶，拉紧肩带扣环，向上跳，拉紧肩带。

（3）松开安全帽系绳，将安全帽推到背后。

（4）将面罩由下颚部套入并贴合面部，均匀地由上至下抽拉束带的五个端部。

（5）用手掌堵住供气接口，检查面罩密封是否良好。检查的方法是：吸气，然后屏住呼吸，使用者应感觉到面罩紧贴脸部，直到无法呼吸为止，说明密封良好；若感到面罩并未贴紧脸部，再调节束带，并重复试验，直到无法呼吸为止。

（6）戴上安全帽，系好安全帽系绳，将供气阀连接在面罩的供气接口上。

四、使用完毕后的整理

正压式空气呼吸器使用完毕后的整理流程如图 4-14 所示。

（1）使面罩与供气阀脱离，掰开头戴扣口，卸下面罩，将压气阀手轮右旋关上气瓶开关。

（2）请按供气阀黄色控制按钮，排空整个系统，将气瓶放回包装箱内，固定好气瓶。

使面罩与供气阀脱离 ①

扳开头带扳口，卸下面罩 ②

将减压阀手轮右旋，关上气瓶开关 ③

轻按供气阀黄色控制按钮，排空整个系统 ④

将气瓶放回包装箱内，固定好气瓶 ⑤

⑥

图4-14 正压式空气呼吸器的整理流程

五、使用中的注意事项

使用中应注意以下事项：

（1）使用前必须按照要求检测呼吸器是否正常，否则将有可能导致使用者的半命危险。

（2）工作过程中时刻关注压力表变化，当报警哨开始鸣叫必须马上撤离到安全区域，否则将有生命危险。

（3）要求检查、佩戴、装箱在 3min 内完成，按顺序在 30s 内完成佩戴。

（4）正压式呼吸器佩戴顺口溜：一看压力，二听哨，三背气瓶，四戴罩。瓶阀朝下，底朝上；面罩松紧要正好，开总阀、插气管、呼吸顺畅抢分秒。

第四节　初起火灾应对与火场逃生

▌一、初起火灾应对

火场上，火势发展大体经历四个阶段，即初起阶段、发展阶段、猛烈阶段和熄灭阶段。在初起阶段，火灾比较易于扑救和控制。据调查，约有 45％以上的初起火灾是由当事人或义务消防队员扑灭的。应对初起火灾的要素有：

1. 掌握消防知识是成功扑灭初起火灾的基本条件

单位、部门以及每个家庭成员应不断提高消防知识的学习训练意识，增强自防自救能力，如参加各类消防培训、参观消防站、订阅消防科普书刊、点击消防网站等。通过形式多样的学习训练，具备一定的灭火知识和技能，是成功扑救初起火灾的基本条件。

2．及时准确的报警是控制火势蔓延的关键

无论何时何地发生火灾都要立即报警，一方面要向周围人员发出火警信号，如单位失火要向周围人员发出呼救信号，通知单位领导和有关部门等；另一方面要向"119"消防指挥中心报警。不管火势大小，只要发现起火就应向消防指挥中心报警。即使有能力扑灭火灾，一般也应当报警。因为火势发展往往是难以预料的，如扑救方法不当，或对起火物质的性质了解不够，或灭火器材的效用所限等，都可能控制不了火势而酿成火灾。

3．疏散与抢救被困人员是火灾初起时的首要任务

火灾发生时，义务消防队员和其他在场人员必须坚持救人重于救火的原则。尤其是人员集中场所，更要采取稳妥可靠的措施，积极组织人员疏散。要通过喊话引导，稳定被困人员情绪，及时打开疏散通道等方法措施，积极抢救被烟火围困的人员。只要方法得当，绝大多数火灾现场的被困人员是可以安全疏散或通过自救而脱离险境的。

4．掌握正确的灭火方法是成功扑灭初起火灾的保证

面对初起火灾，必须掌握正确的灭火方法，科学合理地使用灭火器材和灭火剂。

（1）冷却灭火法是将灭火剂直接喷洒在可燃物上，使可燃物的温度降低到燃点以下，从而使燃烧停止。除用冷却法直接灭火外，还可用水冷却尚未燃烧的可燃物质，防止其达到燃点而着火；也可用水冷却受火势威胁的生产装置或容器，防止其受热变形或爆炸。

（2）隔离灭火法是将燃烧物与附近可燃物隔离开，从而使燃烧停止。如将火源附近的易燃易爆物品移到安全地点；采取措施阻拦、疏散易燃可燃液体或可燃气体扩散；拆除与火源相毗邻的易燃建筑物，形成

阻止火势蔓延的空间地带等。

（3）窒息灭火法是采取适当的措施，阻止空气进入燃烧区，或用惰性气体稀释空气中的氧气，使燃烧物质缺乏或断绝氧气而熄灭。采用湿棉被、湿麻袋、沙土、泡沫等不燃、难燃材料覆盖燃烧物或封闭着火孔洞、桶口等，都是窒息灭火法。另外，如果液化石油气器具发生火灾，在关闭阀门无效或没有条件关闭阀门断绝气源的情况下，可用浸湿的棉被覆盖燃烧器具使火窒息。

（4）抑制灭火法是将化学灭火剂喷入燃烧区参与燃烧反应，终止链反应而使燃烧停止。采用这种方法可使用的灭火剂有干粉、泡沫和卤代烷灭火剂等。

二、火灾急救

1. 火灾急救的基本要点

（1）及时报警，组织扑救。作业人员一旦发现起火都要立即报警，并参与和组织群众扑灭火灾。

（2）集中力量，主要利用灭火器材，控制火势，集中灭火力量在火势蔓延的主要方向进行扑救，以控制火势蔓延。

（3）消灭飞火，组织人力监视火场周围的建筑物，露天物质堆放场所的未尽飞火，应及时扑灭。

（4）疏散物质，安排人力和设备，将受到火势威胁的物质转移到安全地带，阻止火势蔓延。

（5）积极抢救被困人员。人员集中的场所发生火灾，要有熟悉情况的人作为向导，积极寻找和抢救被困的人员。

2. 火灾急救的基本方法

（1）先控制，后消灭。对于不可能立即扑灭的火灾，要先控制火势，具备灭火条件时再展开全面进攻，一举消灭。

（2）救人重于救火。灭火的目的是为了打开救人通道，使被困的人员得到救援。

（3）先重点，后一般。重要物资和一般物资相比，保护和抢救重要物资是重点；火势蔓延猛烈方面和其他方面相比，控制火势蔓延的方面是重点。

（4）正确使用灭火器材。水是最常用的灭火剂，取用方便，资源丰富，但要注意水不能用于扑救带电设备的火灾。

（5）进行物资疏散时应将参加疏散的员工编成组，指定负责人首先疏散通道，其次疏散物资，疏散的物资应堆放在上风向的安全地带，不得堵塞通道，并要派人看护。

▌三、火场逃生

每个人都在祈求平安，但天有不测风云，人有旦夕祸福，一旦火灾降临，在浓烟、毒气和烈焰包围下，不少人葬身火海，也有人死里逃生，幸免于难。"只有绝望的人，没有绝望的处境"，面对滚滚浓烟和熊熊烈焰，只要冷静机智地运用火场自救与逃生知识，就有极大可能拯救自己。因此，掌握多一些火场自救的要诀，困境中也许就能获得第二次生命。

第一诀：逃生预演，临危不乱。

每个人对自己工作、学习或居住的建筑物的结构及逃生路径要做到了然于胸，必要时可集中组织应急逃生预演，使大家熟悉建筑物内的消防设施及自救逃生的方法。这样，火灾发生时，就不会觉得走投无路了。

请记住：事前预演，将会事半功倍。

第二诀：熟悉环境，暗记出口。

当你处在陌生的环境时，如入住酒店、商场购物、进入娱乐场所时，为了自身安全，务必留心疏散通道、安全出口及楼梯方位等，以便关键时候能尽快逃离现场。

请记住：在安全无事时，一定要居安思危，给自己预留一条通路。

第三诀：通道出口，畅通无阻。

楼梯、通道、安全出口等是火灾发生时最重要的逃生之路，应保证畅通无阻，切不可堆放杂物或设闸上锁，以便紧急时能安全迅速地通过。

请记住：自断后路，必死无疑。

第四诀：扑灭小火，惠及他人。

当发生火灾时，如果发现火势并不大，且尚未对人造成很大威胁，周围又有足够的消防器材，如灭火器、消防栓等，应奋力将小火控制、扑灭。千万不要惊慌失措地乱叫乱窜，置小火于不顾而酿成大灾。

请记住：争分夺秒扑灭"初期火灾"。

第五诀：保持镇静，明辨方向，迅速撤离。

突遇火灾，面对浓烟和烈火，首先要强令自己保持镇静，迅速判断危险地点和安全地点，决定逃生的办法，尽快撤离险地。千万不要盲目地跟从人流和相互拥挤、乱冲乱窜。撤离时要注意，朝明亮处或外面空旷地方跑，要尽量往楼层下面跑。若通道已被烟火封阻，则应背向烟火方向离开，通过阳台、气窗、天台等往室外逃生。

请记住：人只有沉着镇静，才能想出好办法。

第六诀：不入险地，不贪财物。

在火场中，人的生命是最重要的。身处险境，应尽快撤离，不要因害羞或顾及贵重物品，而把宝贵的逃生时间浪费在穿衣或寻找、搬离贵重物品上。已经逃离险境的人员，切莫重返险地，自投罗网。

请记住：留得青山在，不怕没柴烧。

第七诀：简易防护，蒙鼻匍匐。

逃生时经过充满烟雾的路线，要防止烟雾中毒、预防窒息。为了防止火场浓烟呛人，可采用毛巾、口罩蒙鼻，匍匐撤离的办法。烟气较空气轻而飘于上部，贴近地面撤离是避免烟气吸入、滤去毒气的最佳方法。穿过烟火封锁区，应配戴防毒面具、头盔、阻燃隔热服等护具。如果没有这些护具，那么可向头部、身上浇冷水或用湿毛巾、湿棉被、湿毯子等将头、身裹好，再冲出去。

请记住：多件防护工具在手，总比赤手空拳好。

第八诀：善用通道，莫入电梯。

按规范标准设计建造的建筑物，都会有两条以上逃生楼梯、通道或安全出口。发生火灾时，要根据情况选择进入相对较为安全的楼梯通道。除可以利用楼梯外，还可以利用建筑物的阳台、窗台、天井、屋顶等攀到周围的安全地点。沿着落水管、避雷线等建筑结构中凸出物滑下楼也可脱险。在高层建筑中，电梯的供电系统在火灾时随时会断电，或因热作用电梯变形而使人被困在电梯内，同时由于电梯井犹如贯通的烟囱般直通各楼层，有毒的烟雾直接威胁被困人员的生命，因此，千万不要乘普通的电梯逃生。

请记住：逃生的时候，乘电梯极危险。

第九诀：缓降逃生，滑绳自救。

高层、多层公共建筑内一般都设有高空缓降器或救生绳，被困人员可以通过这些设施安全地离开危险的楼层。如果没有这些专门设施，而安全通道又已被堵，救援人员不能及时赶到的情况下，你可以迅速利用身边的绳索或床单、窗帘、衣服等自制简易救生绳，并用水打湿从窗台或阳台沿绳缓滑到下面楼层或地面，安全逃生。

请记住：胆大心细，救命绳就在身边。

第十诀：避难场所，固守待援。

假如用手摸房门已感到烫手，此时一旦开门，火焰与浓烟势必迎面扑来，逃生通道被切断且短时间内无人救援。这时候，可采取创造避难场所，固守待援的办法。首先应关紧迎火的门窗，打开背火的门窗，用湿毛巾或湿布塞堵门缝，或用水浸湿棉被蒙上门窗，然后不停用水淋透房间，防止烟火渗入，固守在房内，直到救援人员到达。

请记住：坚盾何惧利矛？

第十一诀：缓晃轻抛，寻求援助。

被烟火围困暂时无法逃离的人员，应尽量待在阳台、窗口等易于被人发现和能避免烟火近身的地方。在白天，可以向窗外晃动鲜艳衣物，或外抛轻型晃眼的东西；在晚上，可以用手电筒不停地在窗口闪动或者敲击东西，及时发出有效的求救信号，引起救援者的注意。因为消防人员进入室内都是沿墙壁摸索行进的，所以在被烟气窒息失去自救能力时，应努力滚到墙边或门边，便于消防人员寻找、营救。此外，滚到墙边也可防止房屋结构塌落砸伤自己。

请记住：充分暴露自己，才能争取有效拯救自己。

第十二诀：火已及身，切勿惊跑。

火场上的人如果发现身上着了火，千万不可惊跑或用手拍打，因为奔跑或拍打时会形成风势，加速氧气的补充，促旺火势。当身上衣服着火时，应赶紧设法脱掉衣服或就地打滚，压灭火苗；能及时跳进水中或让人向身上浇水，帮助扑打就更有效了。

请记住：就地打滚虽狼狈，烈火焚身可免除。

第十三诀：跳楼有术，虽损求生。

身处火灾烟气中的人，精神上往往极端恐怖和接近崩溃，惊慌的心理极易导致不顾一切的伤害性行为，如跳楼逃生。应该注意的是：只有消防队员准备好救生气垫并指挥跳楼时或楼层不高（一般4层以下），非跳楼即烧死的情况下，才采取跳楼的方法。即使已没有任何退路，若生命还未受到严重威胁，也要冷静地等待消防人员的救援。跳楼虽可求生，但会对身体造成一定的伤害，所以要慎之又慎。

请记住：跳楼不等于自杀，关键是要有办法。

第 五 章

应急救援安全常识

在电力企业生产实践中，做好事故预防的同时，工作人员还应了解一些有关现场紧急救护的简单知识，一旦发生事故，便能进行迅速而恰当的互救和自救，最大限度地降低生命伤害和财产损失。作业现场应急救援基本常识主要包括应急救援基本常识、触电急救知识、创伤救护知识、火灾急救知识、中毒及中暑急救知识、溺水急救、动物咬伤急救、电烧伤急救、化学烧伤急救以及传染病急救措施，了解并掌握这些现场急救基本常识，是现场实习人员做好实习安全工作的一项重要内容。

第一节　应急救援基本常识

一、应急管理要求

（1）电力生产企业应建立企业级重大事故应急救援体系，以及重大事故救援预案。

（2）电力施工项目应建立项目重大事故应急救援体系，以及重大事故救援预案；在实行施工总承包时，应以总承包单位事故预案为主，各分包队伍也应有各自的事故救援预案。

（3）重大事故的应急救援人员应经过专门的培训，事故的应急救援必须有组织、有计划地进行；严禁在未清楚事故情况下，盲目救援，造成更大的伤害。

▌▌二、事故应急救援的基本任务

（1）立即组织营救受害人员，组织撤离或者采取其他措施保护危害区域内的其他人员。

（2）迅速控制事态，并对事故造成的危害进行检测、监测，测定事故的危害区域、危害性质及危害程度。

（3）消除危害后果，做好现场恢复。

（4）查清事故原因，评估危害程度。

▌▌三、现场紧急救护

（1）紧急救护的基本原则是在现场采取积极措施保护伤者生命，减轻伤情，减少痛苦，并根据伤情需要，迅速联系医疗部门救治。急救的成功条件是动作快，操作正确。任何拖延和操作错误都会导致伤者伤情加重或死亡。

（2）要认真观察伤者全身情况，防止伤情恶化。发现呼吸、心跳停止时，应立即在现场就地抢救，用心肺复苏法支持呼吸和循环，对脑、心脏重要脏器供氧。应当记住只有在心脏停止跳动后分秒必争地迅速抢救，救活的可能才较大。

（3）现场工作人员都应定期进行培训，学会紧急救护法。会正确解脱电源、会心肺复苏法、会止血、会包扎、会转移搬运伤者、会处理急救外伤或中毒等。

（4）生产现场和经常有人工作的场所应配备急救箱，存放急救用品，并应指定专人经常检查、补充或更换。

第二节　触电急救

触电也称电击，是指人与带电物体（或电源）相接触并有危害人身安全的电流通过身体的现象，是一定电流或电能量通过人体所引起的电损伤。误触电路或使用漏电设备以及火灾、地震和大风灾害等导致漏电，都是造成触电的主要原因。

触电现场抢救的原则是"迅速、就地、准确、坚持"。触电者的生命能否获救，在绝大多数情况下取决于能否迅速脱离电源和正确地实行心肺复苏法进行抢救，拖延时间、动作迟缓或救护不当，都可能造成人员伤亡。

一、脱离电源的方法

（1）发生触电事故，出事附近有电源开关和电源插销时，可立即将电源开关关闭或拨出插销；但普通开关（如拉线开关、单极按钮开关等）只能断一根线，有时不一定关断的是相线，所以不能认为是切断了电源。

（2）当有电的电线触及人体引起触电，不能采用其他方法脱离电源时，可用绝缘的物体（如干燥的木棒、竹竿、绝缘手套等）将电线移开，使人体脱离电源。

（3）必要时可用绝缘工具（如带绝缘柄的电工钳、木柄斧头等）切断电线，以切断电源。

（4）应防止人体脱离电源后造成的二次伤害，如高处坠落、摔伤等。

（5）对于高压触电，应立即通知有关部门停电。

（6）高压断电时，应戴上绝缘手套，穿上绝缘鞋（靴），用相应电压等级的绝缘工具拉开开关。

二、触电急救措施

根据触电者的情况，进行简单的诊断，并分别处理：

（1）触电者神志清醒，但感乏力、头昏、心悸、出冷汗，甚至有恶心或呕吐。应使触电者就地安静休息，减轻心脏负担，加快恢复；情况严重时，应立即小心送往医院检查治疗。

（2）触电者呼吸、心跳尚存在，但神志昏迷。此时，应将触电者仰卧，周围空气要流通，并注意保暖；除了要严密观察外，还要做好人工呼吸和心脏按压的准备工作。

（3）若经检查发现，触电者处于"假死"状态，则应立即针对不同类型的"假死"进行对症处理：如果呼吸停止，应用口对口的人工呼吸法来维持其体内气体交换；如果心脏停止跳动，应用体外人工心脏按压法来维持其体内血液循环。

（4）口对口人工呼吸法。被救者仰卧，解开其衣服和腰带，昏迷的被救者常因舌后移而堵塞气道，所以心肺复苏的首要步骤是畅通气道。施救者以一手置于被救者额部使其头部后仰，并以另一手抬起被救者后颈部或托起下颌，保持呼吸道通畅。对怀疑有颈部损伤的被救者，只能托举其下颌而不能使头部后仰。在保持被救者仰头抬颌前提下，施救者用一手捏闭被救者的鼻孔（或口唇），然后深吸一大口气，迅速用力向患者口（或鼻）内吹气，然后放松鼻孔（或口唇），照此每5s反复一次，直到被救者恢复自主呼吸。在此期间，施救者应自己深呼吸一次，以便继续对被救者进行口对口人工呼吸。

（5）人工胸外按压。被救者仰卧在坚实平整的地面上，施救者两臂位于被救者胸骨的正上方,双肘关节伸直,利用上身重量垂直下压被救者胸部。对中等体重的成人被救者,下压深度应大于5cm,下压后迅速放松,解除压力,让被救者胸廓自行复位。如此有节奏地反复进行,按压与放松时间大致相等,频率为每分钟不低于100次。

(6)被救者心跳、呼吸都停止。当只有一个施救者给被救者进行心肺复苏术时,应是每做30次胸外心脏按压,进行2次人工呼吸。当有两个施救者给被救着进行心肺复苏术时,首先两个施救者应呈对称位置,以便于互相交换位置操作。此时,一个施救者做胸外心脏按压;另一个施救者做人工呼吸。两人可以数着1、2、3进行配合,每按压心脏30次,口对口或口对鼻人工呼吸2次。

三、心肺复苏法

心肺脑复苏(CPCR)指对心跳、呼吸骤停的伤者采取紧急抢救措施,使其循环、呼吸和大脑功能得以完全或部分恢复。通常采用人工胸外按压和口对口人工呼吸方法。

施救前,拍打伤者双肩,用凑近伤者耳边大声呼唤、手指甲掐压人中穴约5s等方式判断伤者是否存在意识。对失去知觉者宜清除其口鼻中的异物、分泌物、呕吐物,随后将伤者置于侧卧位以防止窒息。施救者首先要确保现场安全,确定伤者呼吸、脉搏确实停止,然后再施行救助。人工胸外按压法和口对口人工呼吸法的具体操作见上文所述。

在伤者恢复心跳呼吸前,不能停止心肺复苏,持续抢救直到医务人员到达后移交。由医务人员进行治疗并转送医院进行救治。心肺复苏急救步骤和注意事项如图5-1所示。

1. 判断伤者有无意识(5s)　　2. 如无反应立即呼救(5s)　　3. 伤者仰卧位放置于地上(5s)

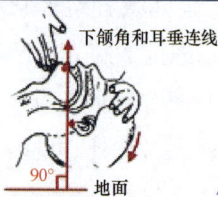

下颌角和耳垂连线

90°　地面

4. 仰头举颌开放气道(5s)

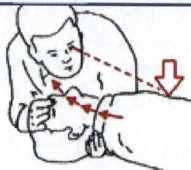

5. 判断伤者有无呼吸：如无呼吸立即口对口吹气两次(10s)

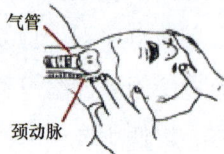

气管

颈动脉

6. 仰头查颈动脉有无搏动(10s)

★人工呼吸：12~16次/min

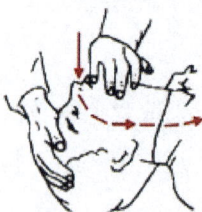

胸骨

按压部位

7. 有搏动时只需做人工呼吸

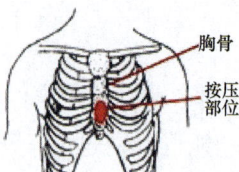

8. 无搏动时定位胸外按压位置叩击心前区1~2次

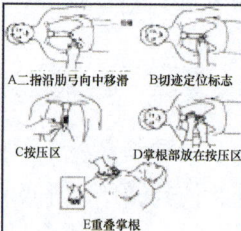

A二指沿肋弓向中移滑　　B切迹定位标志

C按压区　　D掌根部放在按压区

E重叠掌根

快速测定按压部位分解图

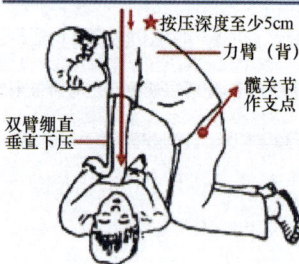

■ 心脏复苏有效指标

(1) 瞳孔。复苏有效时，可见伤者瞳孔由大变小。

(2) 面色(口唇)。复苏有效，可见伤者面色由紫绀转为红润。

(3) 颈动脉搏动。按压有效时，每一次按压可以摸到一次搏动，如若停止按压，搏动亦消失，应继续进行心脏按压；如若停止按压后，脉搏仍然跳动，则说明伤员心跳已恢复。

(4) 神志。复苏有效，可见伤员有眼球活动，睫毛反射与对光反射出现，甚至手脚开始抽动，肌张力增加。

(5) 出现自主呼吸。伤者自主呼吸出现，并不意味可以停止人工呼吸。如果自主呼吸微弱，仍应坚持口对口呼吸

★按压深度至少5cm　　★按压频率：至少100次/min

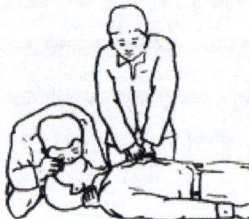

力臂（背）

髋关节作支点

双臂绷直垂直下压

9. 叩击后如无脉搏，正确位置胸外按压

10. 双人施救，每做15次按压，需做2次人工呼吸，连续反复进行。单人施救，30:2(20s)

图 5-1　心肺复苏急救步骤和注意事项

第三节　创伤与骨折救护

一、创伤急救

创伤分为开放性创伤和闭合性创伤。开放性创伤是指皮肤或黏膜的破损，常见的有擦伤、切割伤、撕裂伤、刺伤、撕脱、烧伤；闭合性创伤是指人体内部组织的损伤，而没有皮肤黏膜的破损，常见的有挫伤、挤压伤。

创伤急救原则上是先抢救、后固定、再搬运，并注意采取措施，防止伤情加重或伤口感染。需要送医院救治的，应立即做好保护伤者的措施后送医院。急救成功的条件是：动作快，操作正确，任何延迟和误操作都可能加重伤情，并导致死亡。

1．开放性创伤的处理

（1）对伤口进行清洗消毒。可用生理盐水和酒精棉球，将伤口和周围皮肤上沾染的泥沙、污物等清理干净，并用干净的纱布吸收水分及渗血，再用酒精等药物进行初步消毒。在没有消毒条件的情况下，可用清洁水冲洗伤口，最好用流动的自来水冲洗，然后用干净的布或敷料吸干伤口。

（2）止血。对于出血不止的伤口，能否做到及时有效的止血，对伤者的生命安危影响较大。在现场处理时，应根据出血类型和部位不同采用不同的止血方法：

1）直接压迫。将手掌通过敷料直接加压在伤者身体表面的开放性伤口的整个区域。

2）抬高肢体。对于手、臂、腿部严重出血的开放性伤口，都应抬高肢体，使受伤肢体高于心脏水平线。

3）压迫供血动脉。手臂和腿部伤口的严重出血，如果应用直接压迫和抬高肢体仍不能止血，就需要采用压迫点止血技术。

4）包扎。使用绷带、毛巾、布块等材料压迫止血，保护伤口，减轻疼痛。

（3）烧伤急救应先去除烧伤源，将伤者尽快转移到空气流通的地方，用较干净的衣服把烧面包裹起来，防止再次污染；在现场，除了化学烧伤可用大量流动清水冲洗外，对创面一般不做处理，尽量不弄破水泡，保护表皮。

2．闭合性创伤的处理

（1）较轻的闭合性创伤，如局部挫伤、皮下出血，可在受伤部位进行冷敷，以防止组织继续肿胀，减少皮下出血。

（2）如果发现人员从高处坠落或摔伤等意外时，要仔细检查其头部、颈部、胸部、腹部、四肢、背部和脊椎，看看是否有肿胀、青紫、局部压疼、骨摩擦声等其他内部损伤。假如出现上述情况，不能随意搬动伤者，需按照正确的搬运方法进行搬运，否则，可能造成伤者神经、血管损伤并加重病情。现场常用的搬运方法有：

1）担架搬运法。用担架搬运时，要使伤者头部向后，以便后面抬担架的人可随时观察其变化；

2）单人徒手搬运法。轻伤者可扶着走，重伤者可让其伏在急救者背上，双手绕颈交叉垂下，急救者用双手自伤者大腿下抱住伤者大腿。

（3）如果怀疑有内伤，应尽早使伤者得到医疗处理；运送伤者时要采取卧位，小心搬运，注意保持呼吸道畅通，注意防止休克。

（4）运送过程中，如果突然出现呼吸、心搏骤停时，应立即进行人工呼吸和体外心脏按压法等急救措施。

二、骨折急救

1. 肢体骨折处置

用双手稳定及承托受伤部位，限制骨折处的活动，并放置软垫，用绷带、夹板或替代品妥善固定伤肢。

若上肢受伤，则将伤肢固定于胸部；前臂受伤可用书本等托起悬吊于颈部，起临时保护作用。下肢骨折时不要试着站立，将受伤肢体与健侧肢体并拢，用宽带绑扎在一起；脊柱骨折应将伤者放于担架上，平卧搬运，不要让伤者在弯腰姿势下搬动，以免损伤脊髓。应垫高伤肢，减轻肿胀。如伤肢已扭曲，可用牵引法将伤肢轻沿骨骼轴心拉直；若牵引时引起伤者剧痛或皮肤变白，应立即停止。

2. 伤口处置

如伤口中已有脏物，不要用水冲洗，不要使用药物，也不要试图将裸露在伤口外的断骨复位。应在伤口上覆盖灭菌纱布，然后适度包扎固定。

如伤口中已嵌入异物，不要拔除。可在异物两旁加上敷料，直接压迫止血，并将受伤部位抬高，在异物周围用绷带包扎。千万注意不要将异物压入伤口，造成更大伤害。

对出血多的伤口应加压包扎，有搏动性或喷涌状动脉出血不止时，暂时可用指压法止血或在出血肢体伤口的近端扎止血带，上止血带者应有标记，注明时间，并且每20min放松一次，以防肢体缺血坏死。完成包扎后，如伤者出现伤肢麻痹或脉搏消失等情况，应立即松解绷带。

3. 颅脑、胸部伤害处置

遇有开放性颅脑或开放性腹部伤，脑组织或腹腔内脏脱出者，不应将污染的组织塞入，可用干净物品覆盖，然后包扎；避免进食、饮水或用止痛剂，速送往医院诊治。

若有开放性胸部伤，立即取半卧位，对胸壁伤口应严密封闭包扎。使开放性气胸改变成闭合性气胸，速送医院。救护人员中若能断定张力性气胸者，有条件时可行穿刺排气或上胸部置引流管。

第四节　中毒及中暑急救

作业现场发生的中毒主要有食物中毒、燃气中毒及毒气中毒；中暑是指人员因处于高温高热的环境而引起的疾病。

一、中毒急救

1．食物中毒的救护

食物中毒的救护程序如下：

（1）发现饭后有人呕吐、腹泻等不正常症状时，尽量让中毒者大量饮水，刺激喉部使其呕吐。

（2）立即将中毒者送往就近医院或打急救电话120。

（3）及时报告工地负责人和当地卫生防疫部门，并保留剩余食品以备检验。

2．燃气中毒的救护

燃气中毒的救护程序如下：

（1）发现有人煤气中毒时，要迅速打开门窗，使空气流通。

（2）将中毒者转移到室外实行现场急救。

（3）立即拨打急救电话120或将中毒者送往就近医院。

（4）及时报告有关负责人。

3．毒气中毒的救护

毒气中毒的救护程序如下：

（1）气体中毒开始时有流泪、眼痛、呛咳、咽部干燥等症状，应引起警惕。稍重时有头痛、气促、胸闷、眩晕等症状，严重时会引起惊厥昏迷。

（2）怀疑可能存在有害气体时，应立即将人员撤离现场，转移到通风良好处休息。抢救人员进入险区必须戴防毒面具。

（3）对已昏迷的中毒者应保持其气道通畅，有条件时给予氧气吸入。对呼吸心跳停止者，按心肺复苏法抢救，并联系医院救治。

（4）迅速查明有害气体的名称，供医院及早对症治疗。

（5）在井（地）下施工时有人发生毒气中毒，井（地）上人员绝对不要盲目下去救助；必须先向出事点送风，救助人员装备齐全安全保护用具，才能下去救人。

（6）立即报告工地负责人及有关部门，现场不具备抢救条件时，应及时拨打 110 和 120 电话求救。

▌二、中暑急救

中暑急救措施包括：

（1）迅速转移。将中暑者迅速转移至阴凉通风的地方，解开衣服，脱掉鞋子，让其平卧，头部不要垫高。

（2）降温。用凉水或 50％酒精擦其全身，直到皮肤发红，血管扩张以促进散热。

（3）补充水分和无机盐类。能饮水的伤者应鼓励其喝足凉盐开水或其他饮料；不能饮水者，应予静脉补液。

（4）及时处理呼吸、循环衰竭。呼吸衰竭时，可注射尼可刹米（又称可拉明）或山梗茶碱（又称洛贝林）；循环衰竭时，可注射鲁明那钠

等镇静药。

（5）医疗条件不完善时，应对伤者严密观察，精心护理，送往就近医院进行抢救。

第五节　烧伤及冻伤急救

作业现场常发生的烧伤主要有电烧伤、火焰灼伤或高温气、水烫伤等，若能及时采取救助手段，可有效减缓伤害程度。

一、电烧伤、热力烧伤急救

1．电烧伤急救

电流通过人体所引起的损伤称为电损伤。局部性的电损伤称为电烧伤。电烧伤分为电接触烧伤、电弧或电火花烧伤及雷电烧伤。电烧伤的烧伤面积不大，但可深达肌肉、血管、神经和骨骼。有进口和多处出口，进口处创面大而深，出口处创面较小，有"口小底大，面浅内深"的特点。另外，电烧伤的致残率很高，平均截肢率为30％左右。一旦发生电烧伤，应迅速使伤者脱离电源，保护好电烧伤创面，避免污染。同时观察病情，决定是否采用心肺复苏急救或是骨折急救。在进行了简单的表面创面处理后，最好送专业的电烧伤医院进行专业诊治。

2．热力烧伤急救

衣服着火时，不要奔跑和呼叫，以免风助火势越烧越旺和引起呼吸道烧伤。脱掉着火的衣服或卧倒在地滚动。如果衣服与烧伤的皮肤粘在一起，切不可硬行撕拉，可用剪刀从未粘连部分剪开慢慢脱掉。热力烧伤急救程序如下：

（1）迅速脱离热源。

（2）给创面降温。轻度烧伤可用冷水浸泡或缓慢淋浴，中度烧伤可用干净的敷料（如清洁的布料等）或布块覆盖伤口，并用冰袋降温；如烫伤较轻无伤口，可用獾油、烫伤药膏或牙膏涂在患处。

（3）避免受伤部位再损伤。覆盖皮肤的衣服在降温之后，慢慢剪开分离，不宜直接剥脱，转送过程中，尽可能不使受伤面受压。

（4）保护创面。Ⅰ度烧伤创面只需保持创面清洁，面积大者可适当冷湿敷或烧伤油膏涂抹。Ⅱ度以上烧伤不能涂抹过多药油药脂药膏；水疱不能刺破，避免引起感染以及体内液体丢失过多。

（5）安慰伤者，必要时使用安定或止痛药。

（6）适当补液。口服淡盐水或者牛奶。昏迷者不能口服灌水，避免灌入气管。

（7）保持伤者呼吸道畅通。

（8）优先处理合并损伤。

（9）病情严重者要尽快送往医院。

▌二、化学烧伤急救

具有腐蚀性的化学物质接触人体皮肤等部位后，常常会造成化学烧伤。一旦发生化学烧伤，必须迅速排除化学物质的有害作用。首先立即脱去被污染的衣服，用大量流动水（宜用冷水，禁忌用热水冲洗）冲洗创面（持续 20～30min），越早越好。如果是遇水生热的化合物，如生石灰、四氯化钠等必须先把干石灰和四氯化钠粉末拭去，再用水彻底冲洗。对于可能引起呼吸系统中毒的化学烧伤，在创面处理的同时应用解毒药物。对黄磷、无机氰化物等毒物，自创面吸收后，可以致死，应争取时间果断地切除受损皮肤，以切断毒物来源。

三、冻伤急救

冻伤急救程序如下：

（1）冻伤使肌肉僵直，严重者深及骨骼，在救护搬运过程中动作要轻柔，不要强使其肢体弯曲活动，以免加重损伤，应使用担架，将冻伤者平卧并抬至温暖室内救治。

（2）将冻伤者身上潮湿的衣服剪去后用干燥柔软的衣服覆盖，不得烤火或搓雪。

（3）全身冻伤者呼吸和心跳有时十分微弱，不应误认为死亡，应努力抢救。

第一节　职业病的概念和分类

一、职业病的概念

职业病是指企业、事业单位和个体经济组织等用人单位的劳动者在职业活动中，因接触粉尘、放射性物质和其他有毒、有害物质等因素而引起的疾病。各国法律都有对于职业病预防方面的规定，一般来说，凡是符合法律规定的疾病才能称为职业病。在生产劳动中，接触生产中使用或产生的有毒化学物质、粉尘气雾、异常的气象条件、高低气压、噪声、振动、微波、X射线、γ射线、细菌、霉菌、长期强迫体位操作、局部组织器官持续受压等，均可引起职业病，一般将这类职业病称为广义的职业病。对其中某些危害性较大，诊断标准明确，结合国情，由政府有关部门审定公布的职业病，称为狭义的职业病，或称法定（规定）职业病。

我国政府规定诊断为规定职业病的，需由诊断部门向卫生主管部门报告；规定职业病患者，在治疗休息期间，以及确定为伤残或治疗无效而死亡时，按照国家有关规定，享受工伤保险待遇或职业病待遇。有的国家对职业病患者给予经济赔偿，因此，也有称这类疾病为需赔偿的疾病。职业病的诊断，一般由卫生行政部门授权的，具有一定专门条件的

单位进行。最常见的职业病有尘肺、职业中毒、职业性皮肤病等。

二、职业病的分类

职业病包括十大类，132 种，分别是：

（1）职业性尘肺病及其他呼吸系统疾病。有矽肺、煤工尘肺、电焊工尘肺等。

（2）职业性皮肤病。有接触性皮炎、电光性皮炎、化学性皮肤灼伤等。

（3）职业性眼病。有化学性眼部灼伤、电光性眼炎等。

（4）职业性耳鼻喉口腔疾病。有噪声聋、爆震聋等。

（5）职业性化学中毒。有铅及其化合物中毒、锰及其化合物中毒、氨中毒、氮氧化合物中毒等。

（6）物理因素所致职业病。有中暑、冻伤等。

（7）职业性放射性疾病。有外照射急性放射病、放射性皮肤疾病、放射性肿瘤等。

（8）职业性传染病。有炭疽等。

（9）职业性肿瘤。有石棉所致肺癌、间皮瘤，苯所致白血病、联苯胺所致膀胱癌等。

（10）其他职业病。有金属烟热、股静脉血栓综合症、股动脉闭塞症或淋巴管闭塞症（限于刮研作业人员）等。

第二节　常见生产性粉尘及尘肺

一、常见生产性粉尘

常见的生产性粉尘有矽尘、煤矽尘和石棉尘。

（1）矽尘。矽尘也称为游离二氧化硅（SiO_2）粉尘，生产中接触 SiO_2 的作业非常多。如金属、冶金、煤炭等行业的开采、爆破；修路、筑桥等作业；机械制造、加工业的原料破碎、研磨、配料、筑造、清砂等生产过程；还有陶瓷、水泥厂作业均可接触 SiO_2 粉尘。二氧化硅的粉尘，能引起严重的职业病——矽肺。

（2）煤矽尘。主要是指井下开采，在掘进和采煤工序工作面接触大量粉尘，主要是煤尘和 SiO_2 粉尘，这种混合尘叫煤矽尘，是对煤炭工人造成明显危害的粉尘，主要引起煤矽肺。

（3）石棉尘。接触石棉作业主要是采矿、加工和使用，在石棉采矿、纺织、建筑绝缘、造船、电焊、耐火材料、刹车板制造和使用等的作业中。石棉已经公认为致癌物，发达国家已禁止生产，使用替代品。

二、粉尘引起的职业危害

粉尘引起的职业危害有全身中毒性、局部刺激性、变态反应性、致癌性、尘肺。其中以尘肺的危害最为严重。尘肺是目前我国工业生产中最严重的职业危害之一，它共有十三种，即矽肺、煤工尘肺、石墨尘肺、炭黑尘肺、石棉肺、滑石尘肺、水泥尘肺、云母尘肺、陶工尘肺、铝尘肺、电焊工尘肺、铸工尘肺及其他尘肺。患者通常长期处于充满尘埃的场所，因吸入大量灰尘，导致末梢支气管下的肺泡积存灰尘，一段时间后肺内发生变化，形成纤维化灶。矽肺症主要是人体吸入结晶硅的粉尘所造成，结晶硅的主要成分主要有土、沙、花岗岩及其他岩石成分。矽肺的主要症状为：呼吸短促、发烧、疲倦、无食欲、胸痛、干咳、呼吸衰退，最后有可能致死。矽肺容易引发其他的病变，包括肺癌、支气管炎、慢性阻塞性肺部病变、肺结核、硬皮病，甚至会造成肾脏病变。

三、尘肺防范

尘肺是由于长期吸入生产性粉尘所引起的，通常情况下，尘肺的发病时间在接触生产性粉尘以后 10 年左右。防范措施包括：

（1）根据不同性质的粉尘，佩戴不同类型的防尘口罩、呼吸器、防毒面具，切断粉尘进入呼吸系统的途径。正确穿戴工作服、头盔、眼镜等，阻隔粉尘与皮肤的接触。

（2）定期对接触粉尘人员进行体检，对从事特殊作业的人员应发放保健津贴，有作业忌禁证的人员，不得从事接触粉尘作业。

（3）受生产条件限制，设备无法密闭升密闭后仍有粉尘外逸时，要采取通风的方法，将产尘点的含尘气体直接抽走，确保作业场所空气中粉尘浓度符合国家卫生标准。

（4）禁止在粉尘作业现场进食、抽烟、饮水等。

第三节　生产性毒物及职业中毒

一、生产性毒物

1．生产性毒物概念

生产过程中生产或使用的有毒物质称为生产性毒物。生产性毒物在生产过程中，可以在原料、辅助材料、夹杂物、半成品、成品、废气、废液及废渣中存在，其形态包括固体、液体、气体存在于生产环境中。如氯、溴、氨、一氧化碳、甲烷以气体形式存在，电焊时产生的电焊烟尘、水银蒸气、苯蒸气等，还有悬浮于空气中的统称为气溶胶粉尘、烟和雾等微粒。

2．常见的职业中毒

（1）金属及类金属中毒。按照理化特性金属可简单分为重金属、轻金属、类金属三类。金属中毒性有铅中毒、四乙基铅中毒、锰中毒、铍中毒、镉中毒、砷中毒和磷中毒等。

1）铅中毒口内有金属味、流涎、恶心、呕吐、腹胀、阵发性腹绞痛、便秘或腹泻，严重者出现抽搐、瘫痪、昏迷、循环衰竭、中毒性肝病、中毒性肾病、贫血、中毒性脑病等。

2）四乙基铅中毒可发生严重神经系统症状，部分患者出现全身皮疹，可有呼吸道刺激症状。

3）铍中毒对皮肤损害主要表现为皮炎、铍溃疡和皮肤肉芽肿。

4）铬中毒对皮肤损害较明显。

5）磷中毒早期症状一般为神经系统和消化系统症状等。

（2）有机溶剂中毒。有机溶剂中毒引起的职业危害问题目前在全国也是非常突出的，例如生产酚、硝基苯、橡胶、合成纤维、塑料、香料、制药、喷漆、印刷、橡胶加工、有机合成等工种常引起苯中毒。还有甲苯、汽油、四氯化碳、甲醇和正己烷中毒等。

1）苯中毒主要影响人体造血系统及中枢神经系统；甲苯与苯大体相同，但略轻些。

2）汽油主要经呼吸道吸入。急性中毒时，轻者有头痛头晕、无力、呈"汽油醉态"。高浓度吸入还可引起化学性肺炎、肺水肿，严重者出现中毒性脑病等。

3）四氯化碳可经呼吸道、消化道及皮肤吸收。对人体的毒性极强，误服 2～3mL 即可中毒，30～50mL 可致死。吸入较高浓度时，最先出现呼吸道症状，慢性中毒表现为进行性神经衰弱综合征。

4）甲醇可经呼吸道、消化道及皮肤吸收，毒性较强，误服5～10mL 可致中毒，15mL 可致失明，30mL 可致死。可损害中枢神经

系统及心肝肾，并导致胰腺炎。

5）正己烷毒性较低，急性中毒主要表现为黏膜刺激及中枢神经的麻醉作用，有头痛、头晕、恶心、无力、肌颤等症状。

（3）刺激性气体中毒。工业生产中常遇到的一类有害气体，主要有氯气、光气、氮氧化物、氨气等。刺激性气体对呼吸道有明显的损害，轻者为上呼吸道刺激症状，重者可致喉头水肿、喉痉挛、中毒性肺炎，可发生肺水肿。刺激性气体大多是化学工业的重要原料和副产品，此外在医药、冶金等行业中也经常接触到。刺激性气体多有腐蚀性，生产过程中常因设备被腐蚀而发生跑、冒、滴、漏现象，或因管道、容器内压力增高而致刺激性气体大量外逸造成中毒事故。刺激性气体中毒症状主要是眼、上呼吸道均有刺激症等。严重时，可发生黏膜坏死、脱落，引起突发性呼吸道阻塞而窒息。

（4）窒息性气体中毒。窒息是指人体的呼吸过程由于某种原因受阻或异常，所产生的全身各器官组织缺氧，二氧化碳滞留而引起的组织细胞代谢障碍、功能紊乱和形态结构损伤的病理状态。当人体内严重缺氧时，器官和组织会因为缺氧而广泛损伤、坏死。气道完全阻塞造成不能呼吸，只要1min，心跳就会停止。

1）一氧化碳中毒：一氧化碳是一种最常见的窒息性气体，煤气制造用煤、焦炭等制取煤气的过程中，制造合成氨、甲醇、光气、羰基金属、采矿时爆破烟雾含大量一氧化碳、冶金工业中的炼铁、炼钢、炼焦等作业场所产生大量一氧化碳。

2）硫化氢中毒：石油开采、炼制、含硫矿石冶炼、含硫的有机物发酵腐败即可产生硫化氢，清理粪池、垃圾、阴沟时，都可发生严重硫化氢中毒。硫化氢中毒时出现眼及上呼吸道刺激症状、胸闷、头痛头晕、乏力、心悸、呼吸困难、意识丧失、血压下降；严重者出现脑水肿、休克、心肝肾损害，接触高浓度的硫化氢可立即昏迷、死亡，称为"闪电型"死亡。

3）二氧化碳中毒：不通风的发酵池、地窖、矿井、下水道、粮仓等处，较高浓度的二氧化碳蓄积可引起二氧化碳中毒。二氧化碳中毒常为急性中毒。人体进入高浓度二氧化碳环境后，几秒钟内即迅速昏迷倒下，若不能及时救出可致死亡。

▌二、生产性毒物对人体的危害

生产性毒物可经皮肤、呼吸道或消化道进入人体，损害几乎所有的人体组织和器官，导致多种疾病甚至造成急性中毒死亡，而且有些可产生遗传后果。

例如，铍可引致铍肺，氟可致氟骨症，氯乙烯可引起肢端溶骨症，焦油沥青可引起皮肤黑变病等；某些化学毒物可致机体突变、致癌、致畸，引起机体遗传物质的变异；工业毒物对妇女月经、妊娠、哺乳等生殖功能可产生不良影响，不仅对妇女本身有害，而且可累及下一代。

有的是处于带毒状态。例如，接触工业毒物，但无中毒症状和体征，尿中或其他生物材料中所含的毒物量（或代谢产物）超过正常值上限。

▌三、预防职业中毒的措施

预防职业中毒的措施包括：

（1）对有中毒危险、窒息危险的岗位，要制定防救措施和设置相应的防护用具。

（2）对各类有毒物品和防毒器具必须有专人管理，并定期检查。

（3）对有毒有害场所的有害物浓度，要定期检测，使之符合标准。

（4）对逸散到作业场所的有害物质要采取通风措施。

（5）凡进入不通风的管道、坑道或竖井作业，必须先通风后再进入，

以防范作业人员因缺氧导致窒息。

四、作业现场安全要求

在存在有毒有害物品或不熟悉的化学物品的作业场所作业，必须弄清楚该物品的化学或物理性能，以及安全使用知识，否则禁止作业。作业时安全要求如下：

（1）采取防护服、防护面具、防毒面罩、防尘口罩等个人防护用具，并尽可能在上风位置上工作。

（2）工作人员不得少于2人，其中一人担任监护工作。

（3）在管道内部或不易救护的地方工作，应使用安全带，安全带绳子的一端紧握在监护人的手中，监护人随时与管道内部工作人员保持联系。

（4）工作人员感到不适时，应即离开工作地点到空气流通的地方休息。

（5）应准备氧气、氨水、脱脂棉等急救药品。

第四节　物理性职业危害因素及所致职业病

作业场所存在的物理因素包括气象条件噪声、振动，电磁辐射，气温、气湿（相对湿度）、气流、气压等。

一、噪声危害及预防措施

由于机器转动，气体排放，工件撞击与摩擦等所产生的噪声，称为生产性噪声或工业噪声。工业噪声可分为空气动力噪声、机械性噪声、电磁性噪声三类。能产生噪声的主要工种有使用各种风动工具、纺织工作、发动机试验等。

1．噪声危害

噪声的危害有：

（1）损害听觉。短时间暴露在噪声下，可引起以听力减弱、听觉敏感性下降为表现的听觉疲劳。长期在噪声的作用下，可引起永久性耳聋。

（2）引起各种病症。长期接触高声级噪声，除引起职业性耳聋外，还可引发消化不良、食欲不振、恶心、呕吐、头痛、心跳加快、血压升高、失眠等全身性病症。

（3）引起事故。在某些特殊场所，强烈的噪声可掩盖警告声响等，引起设备损坏或人员伤亡事故。

2．预防措施

噪声影响是指发声体做无规则振动时发出的声音对人体的影响，这种影响既可以引起听觉系统的损伤，也可以对非听觉系统产生影响。

（1）在特殊高噪声条件下工作时，佩戴个人防护用品是保护听觉器官的一项有效措施。最常用的是耳塞，一般由橡胶或软塑料等材料制成，根据外耳道形状设计大小不等的各种型号，隔声效果可达 $25 \sim 30dB$。

（2）控制和消除噪声源是控制和消除噪声的根本措施，改善工艺过程的生产设备，以低声或无声的设备和工艺代替产生强噪声的设备和工艺，将噪声源远离工人作业区和居民区，均是噪声控制的有效手段。

（3）卫生保健措施。接触噪声的人员应进行治疗和观察，重者应调离噪声作业岗位。休息时间离开噪声环境，限制噪声作业的工作时间，可减轻噪声对人体的危害。

二、振动危害及预防措施

生产设备、工具产生的振动称为生产性振动。产生振动的机械有锻造机、冲压机、压缩机、振动筛、送风机、振动传送带、打夯机等。

1. 振动危害

手臂振动所造成的危害较为严重。主要有锤打工具（如凿岩机、空气锤等）、手持转动工具（如电钻、风钻等）、固定轮转工具（如砂轮机）等。振动病分为全身振动和局部振动两种。局部振动病为法定职业病。

2. 预防措施

对于局部振动的减振措施包括改善工艺法和设备，改良工作制度，保持作业场所温度在 16℃以上，合理使用减振个人用品。

三、电磁辐射危害及预防措施

1. 非电离辐射

（1）射频辐射。一般来说，射频辐射对人体的影响不会导致组织器官的器质性损伤，主要引起功能性改变，并具有可逆性特征。往往在停止接触数周或数月后可恢复。但在大强度长期辐射作用下，心血管系统的症候持续时间较长，并有进行性倾向。微波作业，对健康的影响可出现以中枢神经系统和植物神经系统功能紊乱，心血管系统的变化。

（2）红外线。红外线引起的职业性白内障已列入职业病名单。

（3）紫外线。强烈的紫外线辐射作用可引起皮炎，表现为弥漫性红斑，有时可出现小水泡和水肿，并有发痒、烧灼感。皮肤对紫外线的感受性存在明显的个体差异。除机体本身因素外，外界因素的影响会使敏感性增加。例如，皮肤接触沥青后经紫外线照射，能发生严重的光感性皮炎，并伴有头痛、恶心、体温升高等症状，长期受紫外线作用，可发生湿疹、毛囊炎、皮肤萎缩、色素沉着，长期受波长 340～280nm 紫外线作用可发生皮肤癌。作业场所比较多见的是紫外线对眼睛的损伤，即电光性眼炎。

（4）激光。激光对人体的危害主要是它的热效应和光化学效应造成的。激光对健康的影响主要对眼部影响和对皮肤造成损伤。被机体吸收的激光能量转变成热能，在极短时间内（几毫秒）使机体组织局部温度升得很高（200～1000℃）。机体组织内的水份受热时骤然气化，局部压力剧增，使细胞和组织受冲击波作用，发生机械性损伤。眼部受激光照射后，可突然出现眩光感，视力模糊，或眼前出现固定黑影，甚至视觉丧失。

2．电离辐射

电离辐射引起的职业病包括全身性放射性疾病，如急／慢性放射病；局部放射性疾病，如急／慢性放射性皮炎、辐射性白内障；放射所致远期损伤，如放射所致白血病。列为国家法定职业病者，有急性、亚急性、慢性外照射放射病，外照射皮肤疾病和内照射放射病、放射性肿瘤、放射性骨病、放射性甲状腺疾病、放射性性腺疾病、放射复合伤和其他放射性损伤共10种。

3．预防措施

预防电磁辐射的措施有：

（1）遵守个人防护规则，合理使用配备的个人防护用品，如口罩、手套、工作鞋帽、服装等。

（2）在放射源与人员之间设置防护屏，吸收或减弱射线的能量。

（3）控制辐射源的质与量，在不影响应用效果的前提下，应尽量减少辐射源的强度、能量和毒性。

（4）减少照射时间，外照射的总剂量与总照射时间成正比，因此必须减少受照射时间。可采取减少停留时间、轮换作业等措施。

第七章
人身伤亡事故典型案例分析

案例 1：××厂 1 号机 2 号高压加热器检修，工作人员严重违反《电力安全工作规程》作业，发生人身烫伤重伤事故。

▌一、事故经过

2006 年 8 月 16 日，××厂在检修 1 号机 2 号高压加热器时，在高压加热器水室热水未放尽的情况下，运行人员许可开工。项目部检修人员在打开人孔门时，热水喷出，3 人被烫伤，其中 2 人重伤，1 人轻伤。

▌二、简要分析

（1）运行人员。高压加热器水侧放水、放空门起初因压力高、振动大而没有全开，而且始终没有全开；在放水地沟处冒汽的情况下，运行人员不仅没有揭开沟盖板确认，而且也没有通过参数进行综合分析，便主观认为放出的汽水可能是因高压加热器汽侧泄漏，便认为水侧水已放尽，办理了工作票许可手续（因 8 月 13 日 3 号高压加热器泄漏处理时有类似现象）。

（2）工作负责人李××在地沟冒汽的情况下，没有揭开沟盖板进行确认，主观认为水已放尽，具备开工条件，便安排临时工作负责人冯

×× 带人去拆人孔门（如图 7-1 所示）。

图 7-1 人孔门

（3）临时工作负责人冯 ××。违反《电力安全工作规程》规定，没有亲自到现场核实安全措施，而是派杨 ×× 就地核实安全措施。杨 ×× 发现放水门仍有少量汽水排出，便将放水门开大了一些。在明知高压加热器水侧水仍未放尽的情况下，冒险开始作业，拆除人孔门。

（4）点检员杨 ×× 也没有揭开沟盖板进行确认，便认为水已放尽。

（5）工作人员严重违反《电力安全工作规程》中 10.4.2 的规定"检修前必须把热交换器内的蒸汽和水放掉，打开疏水门和放空气门，确认无误后方可工作"。在松开法兰螺丝时应当特别小心，避免正对法兰站立，以防有残存的水汽冲出伤人，如图 7-2 所示。

图 7-2 水汽冲出伤人

案例2：××厂扩建工程处疏于对施工单位、监理单位的安全管理，对现场作业秩序和作业环境的监督、检查力度不够，引发人员高处坠落。

一、事故经过

2005年7月4日准备试转7A、7B输煤皮带，为保证试运转环境良好，电建公司安排建筑工程公司工长赵××于7月3日晚连夜做42m皮带层端部水泥地面抹灰，42m皮带层端部4个输煤孔洞用大眼网盖着，中间两个孔洞即7A、7B孔洞，用两个安全网左右连接着盖着孔洞（输煤孔洞口长2.2m、宽0.6m，口边有一圈防水沿，高0.2m、宽0.1m；落煤斗直径大约12m）。7月3日24:00左右地面抹灰做到孔洞处，工长赵××把7A、7B输煤口安全网一侧解开，搭放在输煤口沿上，准备施工完后恢复。7月4日06:30做好地面，施工人员下班，现场留下张××、董××两名工人进行地面压光并看护没有凝固的地面，防止人踩踏，当时施工现场没有设置警示标志及警戒绳。08:20，施工监理苗××上到42m皮带层，主要检查输煤皮带是否具备试运转条件，当时看到7A、7B输煤孔洞的安全网靠北侧和东侧的掀起来了，现场有2名工人在进行地面压光施工，08:40苗××从西面6号楼梯下去了。

7月4日08:40锅炉专业开班前会，召集除灰、除渣专业组长兼安全员毕×和除灰、除渣专业负责人刘×，会上毕×进行安全交底，包括两方面内容，第一方面是部分项目验收，参加人刘×、张×、蔡×、张××（死者），强调工程仍处于基建时期，应注意楼梯、孔洞，行走中应注意上方的作业点，看有无危险作业，小心高处坠物；第二方面是其他正常点检。毕×安全交底之后，生产准备组组长刘×安排工作，由张××（设备部输煤负责人）会同施工监理苗××进行输煤 6A 皮带验收。09:00 班前会散会，张××从办公室前往 6 号炉 42m 输煤皮带层。09:05，当时在 42m 输煤皮带层端部进行地面压光的 2 名工人看到一工作人员要从 7A、7B 两输煤口中间过，他们没让这个人过，说地面未上强度，不能从此处走，这个人就从北面走了。2 名工人继续干活再没看到有人上来。大约 09:30，有一个人上到朱××操作的电梯说要到 42m，朱××将他送到 42m 处后，他给关好电梯门后便走了。当朱××操作电梯下降到 30m 处时听到哐的一声，重新又上去，看到乘坐电梯的人不见了，朱××走到输煤口往里看，发现掉下去一个人，后朱××又操作电梯降到 30m 处。当时煤斗里标高 30m 处工作面上，有 8 根钢架支撑安全网，并有 5～6 个工人在进行焊接作业。大约 09:40，工人们听到上面有东西掉下来，回头一看是一个人掉到安全网上，几个工人把这个人抬出来，放在电梯上下到地面，紧急送往医院。在送往医院的途中受伤者说腰腿痛、口渴。13:58 张××经抢救无效死亡。

二、简要分析

（1）扩建工程处疏于对施工单位、监理单位的安全管理，对现场作业秩序和作业环境的监督、检查力度不够。存在重进度、轻安全的麻痹思想，安全管理流于形式，工作不扎实、不到位。对外委单位存在"以包代管"的现象，安全责任制没有很好地落实。

（2）设备部安全教育和培训不到位，对新员工安全培训和教育没有针对性，对员工的安全意识和自我防护意识培养不得力，对"管生产必须管安全"理念认识不深，存在麻痹思想和侥幸心理。对基建现场的特点和危险点分析不细致全面，对部分新员工安全意识淡薄、自我防护能力不强的状况没有给予足够的重视。

（3）面对生产、基建同时进行的较为复杂的现场，安监部没能及时调整工作方法及采取合理的手段对现场作业环境和作业秩序实施有效的监督，安全管理不到位，工作不严谨、不细致、不扎实，没有真正履行好安全监督的职能。

（4）生产准备人员张××（死者），对基建施工现场的特点缺乏足够的了解，尤其对施工现场的动态变化过程不熟悉，没有做好充分的危险点分析和事故预想，工作存在一定的盲目性，自我防护能力和安全意识不强。

案例3：××电厂斗轮机检修，作业人员严重违章试运设备，引发人身死亡事故。

一、事故经过

××电厂输煤运行和维护工作分别由两个项目部承担，事故前，斗轮机发生故障，维护项目部办理工作票进行检修。

10:35，工作负责人侯×与运行项目部人员运行班长联系，要求斗轮机试运，但未履行相关检修设备试运工作票押回手续。

10:50，运行班长口头通知斗轮机司机王×斗轮机送电试运。

10:55，送电完毕后进行点动，试运开始。

11:30，运行班长指示王×A斗轮机试转2h。

12:30，王×去吃饭，将试运工作移交给同班另一斗轮机司机崇×，并交代A斗轮机需继续试运。8～9min后，检修公司人员贺×（死者，非工作班成员）与侯×用手势要求崇×停止A斗轮机。

12:38，斗轮机停运，贺×与侯×进入斗轮机轮斗中进行紧固螺栓的工作。据崇×讲，5～6min后崇×见他们下了车。

13:10，崇×在检查该斗轮机过道无人后，便到驾驶室按了一下警铃，随即将斗轮机起动，发现斗轮机中有人甩出（如图 7-3 所示），将斗轮机急停，导致一名人员被旋转的斗轮带起甩出导致死亡，另一名人员从斗轮上跳下来，捡了一条命。

图 7-3　斗轮机甩人

二、简要分析

（1）检修人员严重违章。①试运设备不押票，只是和运行人员口头联系；②再次检修不重新办票（或相关手续）；③工作班成员变更随意，不履行手续。

（2）运行人员严重违章。①同意检修人员不押票试运；②在有工作票的情况下启动设备；③启动设备前不到就地认真检查；④虽然按了警告铃，但没有时间间隔，没有起到警示作用，明确两次警示，每次铃声不短于 10s，两次警铃间隔 30s，最后一次铃声停止 10s 后方可启动设备。

（3）业主管理混乱。①对项目部的管理混乱，没有履行全面管理责任；②"两票"管理混乱；③现场管理混乱；④杜绝"以包代管"。

（4）直接、间接、主要、次要原因在于运行和维护项目部。根本原因在于业主没有履行全面管理责任，"两票"和现场管理混乱等。

案例4：××厂锅炉电梯层门闭锁装置检修，作业人员安全意识不强，发生电梯坠亡事故。

▍一、事故经过

××厂锅炉电梯层门闭锁装置检修时，一检修工在46.7m按下电梯按钮，层门打开，此时电梯轿子实际在63.7m，检修工自然的踏入，导致踏空落入电梯井道底坑死亡，如图7-4所示。

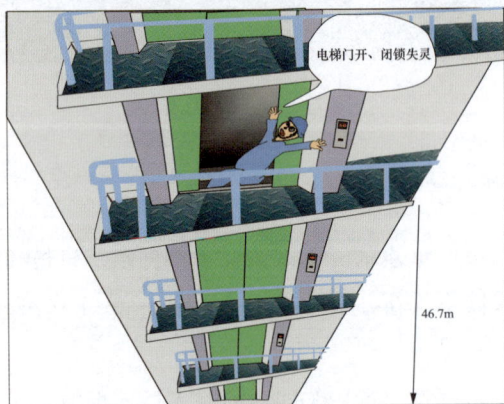

图7-4 踏空坠梯

▍二、简要分析

（1）无安全意识，乘坐电梯已是生活常态，但无生活安全常识，进电梯前不看有无底板，过于相信机器设备。

（2）电梯未进行定期检查维护及检验。

案例 5：×× 公司在 4 号炉脱硝工程改造过程中，无防护、轻监护，作业人员从拆除格栅后遗留的孔洞处不慎坠落死亡。

▌一、事故经过

×× 公司在 4 号炉脱硝工程改造过程中，按照施工方案，在 2013 年 9 月 3 日需进行 38mA 侧平台喷氨管道向下延伸的作业。9 月 2 日 15:00，外包施工单位安排该项作业负责人雷 ×× 带领工作班成员侯 ××，在脱硝 38mA 侧喷氨管道阀门下部格栅平台两侧加装临时隔离栏杆，以备第二天进行管道向下延伸的安装作业。

9 月 3 日 09:00，雷 ××、侯 ×× 将该处管道阀门正下方格栅拆除（长 1.5m× 宽 0.77m），准备进行喷氨管道吊装工作。因没有携带作业使用的起重葫芦，两名作业人员离开作业点取起重葫芦。该作业层安全监护人员张 ×× 在同层东侧固定气瓶，不在该作业点。

09:30，该公司发电部脱硝专业高级主管王 ××（死者）携带脱硝相关资料独自进入 4 号炉脱硝改造现场，翻越 38mA 侧喷氨管道阀门处设置的临时隔离栏杆，从拆除格栅后遗留的孔洞处不慎坠落，穿破设在 28m 和 16.4m 的两层安全防护网后，坠落至零米地面。事发后，现场人员立即拨打 120 急救电话，120 救护车于 09：53 到达现场，经医护人员抢救无效死亡。

▌二、简要分析

（1）工作监护缺少。开工后，工作负责人应在工作现场认真履行自己的安全职责，认真监护工作全过程。工作负责人因故暂时离开工作地

点时，应指定能胜任的人员临时代替并将工作票交其执有，交代注意事项并告知全体工作班人员，原工作负责人返回工作地点时也应履行同样交接手续；离开工作地点超过 2h 者，必须办理工作负责人变更手续。

（2）现场没有悬挂警示牌，导致非工作班成员进入危险区域，违反安规规定：所有升降口、大小孔洞、楼梯和平台，必须装设不低于 1050mm 高的栏杆和不低于 100mm 高的脚部护板。离地高度高于 20m 的平台、通道及作业场所的防护栏杆不应低于 1200mm。如在检修期间需将栏杆拆除时，必须装设牢固的临时遮栏，并设有明显警告标志。并在检修结束时将栏杆立即装回。

（3）安全平网设置不规范、不合格，违反集团公司相关要求：第一道平网张挂在离地 3～4m 高度，然后每隔 6～8m 高再挂一道安全网，最大间距不得超过 10m；作业面与下方第一层安全网落差不得超过上述规定。

（4）王××安全意识差，擅自翻越临时隔离栏杆。

案例 6：××厂进行 110kV 4 母线清扫、115 断路器换油工作，领导违章作业，员工触电死亡。

▌一、事故经过

××厂进行 110kV 4 母线清扫、115 断路器换油工作。电气主任擅自扩大工作范围，决定清扫 115-4 隔离开关，不仅未办理工作票，而且错将梯子移至带电的 114-4 隔离开关处，同时摘掉 114-4 隔离开关处的"止步，高压危险"警示牌，如图 7-5 所示。检修工到现场后，也未核对隔离开关的编号，登上带电隔离开关，电弧烧伤致死。

图 7-5 电弧烧伤致死

二、简要分析

（1）领导违章指挥、违章作业，私自扩大工作范围，自以为是。

（2）操作前未认真核对设备名称及编号等信息，盲目操作，造成严重的电气误操作恶性事件。

（3）电气检修作业前未进行验电核实，无自我安全防护意识。

（4）擅自改变原有措施及警示标识，野蛮操作。

案例 7：××发电厂电气分场变压器班班长王××（死者）带检修工李×对 8 号励磁变压器进行例行巡查，违章巡检设备，人员触电伤亡。

一、事故经过

2007 年 10 月 18 日，××发电厂电气分场变压器班班长王××（死者）带检修工李×对 8 号励磁变压器（型号 ZLSC9—2500kVA，额

定电压 15.75/0.83kV，额定电流 91.6/1739.01A）进行例行巡查，王×× 用手持式红外测温仪测温，李 × 做记录。10:40，王×× 打开柜门（低压侧 C 相），右手持测温仪器，左手扶柜门，将上半身探入柜内，在完成两个点温度测量后，右手碰触到励磁变测温线的航空插头，触电倒下。

李 × 立即将王×× 拉到励磁变压器和整流室之间的过道，同时发现励磁变压器温控器二次线有火苗，在用手机向 8 号机控制室打电话报告"励磁变压器有人触电"的同时，随手拿起测温仪，将脚迈进励磁变压器柜内扑打火苗，也触电倒在励磁变压器柜门外。此次事故造成 1 人死亡、1 人轻伤。

二、简要分析

（1）未保持带电安全距离，违反 GB 26164.1—2010《电业安全工作规程 第 1 部分：热力和机械》中 3.5.3 的规定"不准靠近或接触任何有电设备的带电部分，特殊许可的工作，应执行标准 DL 408—1991《电业安全工作规程（发电厂和变电所电气部分）》中的有关规定。"

（2）李 × 违反 GB 26164.1—2010《电业安全工作规程 第 1 部分：热力和机械》中 3.5.8 的规定"发现有人触电，应立即切断电源，使触电人脱离电源，并进行急救。如在高空工作，抢救时必须采取防止高处坠落的措施。"

（3）李 × 随手拿起测温仪，将脚迈进带电励磁变压器柜内扑打火苗，违反 GB 26164.1—2010《电业安全工作规程 第 1 部分：热力和机械》中 3.5.9 的规定"遇有电气设备着火时，应立即将有关设备的电源切断，然后进行救火。"

案例 8：×× 热电公司 2 号机组给水系统阀门检修，作业人员现场接线未履行工作票手续，鲁莽违章作业，造成人身触电死亡。

▌一、事故经过

2016 年，×× 热电公司 2 号机组（200MW）于 6 月 10 日大修开工，7 月 25 日大修结束。6 月 6 日，发出 2 号机组 1、2 号给水泵泵组大修工作票（B1-0608），运行人员将 2 号机 2 号给水泵最小流量阀执行机构停电；6 月 7 日，发出 2 号机组给水系统阀门检修工作票（B1-0620）。6 月 11 日，检修部汽机一班班长梁 × 通知热控检修班班长关 ×，要求拆开 2 号机组 2 号给水泵最小流量阀执行机构电源线，关 × 安排热控机控班技术员曾 ×× 拆线。8 月 11 日 09:15，汽机检修人员终结 2 号机组给水系统阀门检修工作票，8 月 12 日 09:10，终结 2 号机组 1、2 号给水泵泵组大修工作票。13 日 00:22，恢复 2 号机组给水泵组检修措施至备用状态，发电部运行三值主值赵 ×× 将 2 号机组 2 号给水泵最小流量阀执行机构送电。

8 月 13 日 14:45 检修副主任董 ×× 巡视发现 2 号机组 2 号给水泵最小流量阀（距离零米地面 2.25m）执行机构未接线，口头交代曾 ×× 完成该调阀接线工作。

15:40，曾 ×× 带领本班检修工王 ××（2015 年参加工作）到 2 号机组 2 号给水泵最小流量阀处进行接线恢复工作。曾 ×× 对最小流量阀进行接线作业，王 ×× 在其身后进行监护。16:10，曾 ×× 进行执行机构接线作业前，王 ×× 提醒"用不用验一下电"，曾 ×× 说"有电早就电到我了"，并继续进行接线作业。

16:30，曾 ×× 触电，触电时曾 ×× 说"怎么有电呢，谁送的电"，随后身体向后倒下，脱离电源。王 ×× 接住其同时向后拉，远离电源后，将其平放在临时脚手架上进行心肺复苏急救并大声呼救，同时给检

修部热控主管陈 × × 打电话。

16:30，检修部汽机主管赵 × × 正在进行 2 号机组 1 号给水泵检查，听到呼救后立即赶到事发地点并拨打 120 急救电话。16:32 陈 × ×、董 × × 和设备部热控专工都 × × 赶到现场，都 × × 爬上脚手架继续对曾 × × 做心肺复苏。因脚手架上空间较小不方便施救，现场几人一同将曾 × × 抬至零米地面轮流对其进行心肺复苏急救。17:04 救护车赶到，对曾 × × 进行急救。18:15 将曾 × × 送至双鸭山市人民医院，18:40，经抢救无效死亡。

▋▋ 二、简要分析

（1）作业人员现场接线未履行工作票手续，违反 GB 26164.1—2010《电业安全工作规程　第 1 部分：热力和机械》中 4.1.3 的规定"火力发电厂在热控电源、通讯、测量、监视、调节、保护等涉及 DCS、联锁系统及设备上的工作，需要将生产设备、系统停止运行或退出备用的，使用热控工作票。"

（2）作业人员违反 GB 26164.1—2010《电业安全工作规程　第 1 部分：热力和机械》中 3.5.3 的规定"不准靠近或接触任何有电设备的带电部分，特殊许可的工作，应执行标准 DL 408—1991《电业安全工作规程（发电厂和变电所电气部分）》中的有关规定。"

（3）作业人员违反 GB 26164.1—2010《电业安全工作规程　第 1 部分：热力和机械》中 4.4.6 的规定"安全措施中如需由（电气）运行人员执行断开电源措施时，（热机）运行人员应填写停、送电联系单，（电气）运行人员应根据联系单内容布置和执行断开电源措施。措施执行完毕，填好措施完成时间，执行人签名后，通知热机运行人员，并在联系单上记录受话的热机运行人员姓名，停电联系单保存在电气运行人员处备查，热机运行人员接到通知后，应做好记录。对于集控运行的单元机组电气倒闸操作票并经审查后即可执行。严禁口头联系或约时停、送电。"

（4）运行人员违反 GB 26164.1—2010《电业安全工作规程 第 1 部分：热力和机械》中 4.4.14 的规定"工作终结。工作结束后，工作负责人应全面检查并组织清扫整理工作现场，确认无问题后，带领工作人员撤离现场。工作许可人和工作负责人共同到现场验收，检查设备状况，有无遗留物件，是否清洁等，然后在工作票上填写工作结束时间，双方签名，工作方告终结。"

（5）作业人员违反 GB 26164.1—2010《电业安全工作规程 第 1 部分：热力和机械》中 6.1.1 的规定"在电气设备上工作，应有停电、验电、装设接地线、悬挂标识牌和装设遮栏（围栏）等保证安全的技术措施。"

（6）现场人员心肺复苏等急救能力差。

案例 9：××电厂检修维护部锅炉车间制粉班进行 C 磨煤机检修工作，热控检修工李×严重违规操作，造成三人烫死事故。

一、事故经过

2016 年 2 月 23 日上午，检修维护部锅炉车间制粉班 C 磨煤机检修工作组工作负责人张××办理了《热力机械第一种工作票》（R116020212006）。11:00，发电管理部办理《热力机械第一种操作票》（R16020125023），逐项落实安全措施。12:00，经运行许可开始检修施工，负责人张××组织制粉班检修工陈×、彭×、刘××拆解螺栓、保温，打开 C 磨煤机人孔法兰门，对 C 磨煤机、热一次风道进行通风等工作。15:30，负责人张××同点检员张×进入 C 磨煤机检查，发现 C 磨煤机定心支架开焊，决定与之前在运行中发现的热

一次风道内焊口开焊、热一次风气动调节挡板轴密封压盖盘根故障，一并进行处理。

2月24日07:30，制粉班班长王××作为C磨煤机检修工作现场总负责人对制粉班内检修工作任务进行分配，并向锅炉车间主任刘××提出申请，要求派两名焊工参加C磨煤机入口热一次风道补焊作业。焊接班派王××、谭×参加作业。

2月25日上午，C磨煤机入口热一次风气动调节挡板轴密封压盖盘根更换和热一次风道补焊工作结束。

2月25日13:20，王××召开班会，对下午工作进行安排。负责人张××到C给煤机检修工作组指导调整皮带跑偏；制粉班技术员刘×联系发电管理部运行人员，调试C磨煤机入口热一风气动调节挡板；制粉班检修工陈×、马×、张××清理热一次风道上面的废弃保温棉，并配合调试热一次风气动调节挡板；彭×对C磨煤机热一次风气动插板门滑道进行掏灰；制粉班检修工王×担任有限空间作业监护人；王××对热一次风道内焊接部位进行验收。

13:30，技术员刘×电话联系发电管理部集控运行单元长杜×，要求通知热控人员到现场对C磨煤机入口热一次风气动调节挡板进行调试。杜×用电话通知热控工程师站，值班人员李×接到杜×电话后，又通过电话请示一同值班人员主检修工杨××，杨××让王××到现场去看看。

13:40，李×到达C磨煤机检修现场，张××问李×："你是来负责调节热一次风气动调节门的吗？"李×说："是"，张××说："热一次风气动调节挡板处于开启状态，你关一次再开一次。"说完，张××就到热一次风道上方清理保温棉去了。随后，李×从锅炉零米上到6.9m平台热一次风气动插板门就地控制柜处。此时，锅炉检修人员已将施工脚手架搭设完毕，王××、谭×，准备进入磨煤机热风道内进行作业，田×在热风道外监护。李×到达6.9m平台时，因就地操作柜门锁扣打不开，返回零米处向彭×借螺丝刀，李×拿到螺丝刀后离开，王××、谭×于14:13进入C磨煤机热风道内。

14:15，李×返回到6.9m平台热一次风气动插板门就地控制柜处，用螺丝刀打开控制柜柜门，将控制柜内"远控/就控"开关切换到"近控"位置，并按下电磁阀启动开关，第一次按下后没有反应，第二次按下后还没有反应。李×在6.9m平台栏杆处向热一次风道上的张××喊话，问调节挡板动没动。张××用脚踹了踹调节挡板链接曲柄，挥手表示没有动。李×又将挂有"禁止操作、有人工作"警示牌的C磨煤机入口热一次风气动插板门气源手动阀门打开。此时，热一次风气动插板门开启，309℃热风以6kPa的压力喷入C磨煤机入口热一次风道内，王××、谭×被卷入到C磨煤机入口支架底部。

15:40，救援人员进入1号锅炉C磨煤机入口热一次风道，抢救被困人员。16:13，3名被困人员全部救出，经确认已经死亡。

二、简要分析

1. 直接原因

1号锅炉C磨煤机检修过程中，热控检修工李×严重违规操作。李×在不具备设备试运条件的情况下，未核对设备名称标识，擅自开启C磨煤机入口热一次风气动插板门气源电磁阀和挂有"禁止操作、有人工作"警示牌的气源手动阀门，致使原关闭的C磨煤机入口热一次风气动插板门打开，使温度为309℃、压力为6kPa的热风喷入C磨煤机入口热一次风道内，导致事故发生，恶性的误操作，严重违反《电力安全工作规程》中3.5.2的规定"任何电气设备上的标示牌，除原来放置人员或负责的运行值班人员外，其他任何人员不准移动。"

2．间接原因

（1）检修维护部锅炉车间制粉班班长李×违反 GB 26164.1—2010《电业安全工作规程 第 1 部分：热力和机械》中 4.4.13 的规定"在检修工作票未收回、作业人员未撤离工作地点、项目没有最后完成的情况下，安排技术员刘×与发电管理部运行人员联系，对 C 磨煤机入口热一次风气动调节挡板调试"；以及 4.2.6 的规定"一份工作票中，工作票签发人、工作负责人和工作许可人三者不得相互兼任。一个工作负责人不得在同一现场作业期间内担任两个及以上工作任务的工作负责人或工作组成员。而将 C 磨煤机检修工作负责人张××调离到给煤机作业组工作，并随意调整工作组成员，严重违章指挥。"

（2）发电管理部集控运行单元长杜宝没有按照设备试运规定组织运行、热控、检修"三方"人员进行就对检查确认设备是否满足试运条件并进行试运的相关工作。

（3）锅炉车间制粉班检修工张××现场要求李×对 C 磨煤机入口热一次风气动调节挡板进行调试工作，工作指令超越权限，为严重违章指挥作业。

（4）热控车间炉控班主检修工杨××，接到李×电话请示后，违反《热控车间值班管理制度》中 4.1.6 的规定"值班期间现场有事，班组长必须协同处理，不得一个人独自作业"，让李×一人到作业现场查看，操作无监护，且没有向班长报告。

（5）运行做的检修隔离措施不够到位，对热一次风气动插板门未停电挂牌或上锁等可靠隔离，严重违反安规中 3.4.3 的规定"在机器完全停止以前，不准进行维修工作。维修中的机器应做好防止转动的安全措施，如：切断电源（电动机的断路器、隔离开关或熔断器应拉开；断路器操作电源的熔断器也应取下；DCS 系统操作画面也应设置'禁止操作'），切断风源、水源、气源、汽源、油源；与系统隔离的有关闸板、阀门等应关闭，必要时，应加装堵板，并上锁；上述闸板、阀门上挂'禁止操作、有人工作'警告牌。必要时还应采取可靠的制动措施。检修工作负责人在工作前，必须对上述安全措施进行检查。确认措施到位无误后，方可开始工作。"

（6）已作为检修安全措施的设备阀门等不允许再次许可任何检修、试验、传动等工作。

（7）李×属刚转岗人员，转岗培训不到位就安排单人工作。

案例 10：××厂热电项目在建调试过程中，发生高压蒸汽管道爆炸，致 21 人死亡、5 人受伤。

▌一、事故经过

8 月 11 日 15:20，××厂热电项目在建调试过程中，发生高压蒸汽管道爆炸事故，致 21 死 5 伤。事发时，该房内的一条蒸汽管道在调试工作过程中发生破裂，现场温度接近 600℃，在事发核心区域，一条直径约 1m 的银白色高压蒸汽管道出现破裂，只剩下里层一段较细的深色管道，管道外膜和填充物完全损毁。地上随处可见管道外膜的碎片，能承受重压的金属外膜已被爆炸冲击变形。紧邻事发地的是操作间，由一面大窗户相隔，受爆炸冲击，只剩下框架。现场随处可见玻璃碎片和扭曲的金属条，已散架的桌椅东倒西歪，一片狼藉，如图 7-6 所示。

▌二、简要分析

经初步调查分析，事故主要原因是，2 号锅炉蒸汽出口处主管道流量计阀门焊缝裂开，大量高温高压蒸汽外溢，导致主控室玻璃破裂，造成主控室人员严重伤亡。实际上，主控室并不需要太多运行

人员，但当时正在调试，有安装和调试人员均在现场，造成较大人员伤亡。"

图 7-6　爆炸冲击现场

案例 11：井下窒息死亡事故

▌一、事故经过

10 月 13 日 15:15，××发电厂热力部中继站站长甲接到集控人员通知，集控一网压力偏低需要巡线。15:30，甲向热力部部长乙提出派车申请。15:40，司机丙驾车，甲带领值班员丁去一网巡线。16:15，在经过某收费站南约 100m 处公路西侧管线上的排气井时，甲、丁 2 人决定检查该井。随后，丁进入排气井检查，甲在井外监护。丙在周围休息。16:20，丙发现甲、丁 2 人均进入井中，且呼叫无应答，立刻汇报乙。乙接到丙的电话，立刻报 120、119 申请救援。16:40，120、119 救援人员先后到达现场，立刻将甲、丁 2 人送医院抢救，18:05，抢救无效，2 人死亡。

▌二、简要分析

（1）井下操作属有限空间作业，必须严格执行有限空间作业相关规定。

（2）下井前必须先通风、后测量、再进入。

（3）做好监护及应急预案。

案例 12：××电厂 3 期在建项目冷却塔施工平桥吊倒塌，造成横板混凝土通道坍塌，造成 74 人死亡特别重大事故。

▌一、事故经过

2016 年 11 月 24 日 07：40，××电厂 3 期在建项目冷却塔施工平桥吊倒塌，造成横板混凝土通道坍塌，导致 74 人死亡，2 人受伤。事故发生时，施工单位正在进行零点班和早班交接。拟建设两座高 168m、直径 135m 的双曲线型自然通风冷却塔，目前已施工完成 70m 左右。

24 日一早刚过 07:00，10 多位工人到达冷却塔内，进行零班与早班的交接。在他们头顶上方 70m 的高处（至少 20 层楼高），搭建有施工平台，那里还有几十名工人。大概 5min 后，突然听到头顶上方有人大声喊叫，接着就看见上面的脚手架往下坠落，砸塌水塔和安全通道。在地面层工作的工人迅速往冷却塔外跑。短短十几分钟的时间内，整个施工平台完全坍塌下来。当时上下施工平台用的电梯，一起坍塌了。除了地面层的工友，在上面的人全部坠落，被钢筋等材料压在下面。

▌▌二、简要分析

（1）怀疑"可能是混凝土强度没达到造成坍塌"。

（2）日夜赶工，24 小时三班倒，严重赶工期。

案例 13：××发电厂 1 号机 2 号高压加热器检修时，因加热器水室水未放尽，在拆除人孔门时，人孔芯顶出，热水喷出，三人被烫伤。

▌▌一、事故经过

8 月 16 日 09:30，××发电厂运行人员发现 2 号高压加热器有泄漏，通知点检人员。点检人员确认 2 号高压加热器泄漏，通知××电力检修公司维护项目部维护人员。

13:30，项目部工作负责人李×（从事本岗位工作 16 个月）办理工作票手续，运行人员根据工作票安全措施要求填写操作票。

14:40，"1 号机 2 号高压加热器隔离措施"操作票执行完毕。由于水侧压力高，放空气门处喷水大，放水管振动大，应该开启的放空气门与放水门实际上均只是部分开启。

17:10，接班后的运行三值 1 号机组机组长徐×（从事本岗位工作

9个月）、主值班员罗×（从事本岗位工作1个月）及项目部工作负责人李×到就地核实工作票安全措施，发现2号高压加热器水侧放水门有汽排出，认为2号高压加热器水侧放水门有汽排出是汽侧蒸汽由泄漏管子漏入水侧造成，在此之前，8月13日在3号高压加热器检修时有类似现象。

17:15，设备部点检员杨×（从事本岗位工作1个月）也到现场核实安全措施，判断高压加热器侧水放尽，具备开工条件。

17:20，徐×办理工作票许可手续。

18:30，原工作负责人李×办理"工作负责人临时委托交接单"，将检修工作临时委托给项目部另一工作负责人冯×（从事本岗位工作18个月，取得工作负责人资格1个月），交代拆开人孔门进行高压加热器降温。

19:30，临时工作负责人冯×和工作班成员王×、杨×进入检修现场。

临时工作负责人冯×派杨×就地核实工作票安全措施，杨×发现2号高压加热器水侧放水门仍有少量水排出，便将放水门开大了一些。随后3人便上架子进行作业，在拆除人孔门工作，20:59，将人孔门克铁取出，在取人孔门芯时，人孔芯顶出，喷出热水，将检修作业的3人烫伤，3人立即被送往医院治疗。

二、简要分析

（1）项目部临时工作负责人冯少华违反《电力安全工作规程》规定，没有亲自到现场核实安全措施，派杨×就地核实安全措施。杨×发现放水门仍有少量汽水排出，便将放水门开大了一些。在明知放水门仍有少量汽水排出，高压加热器水侧水仍未放尽的情况下，自我保护意识差，工作组冒险作业，上架子开始拆除人孔门工作，是事故的直

接原因和主要原因。

（2）××发电厂运行、点检人员工作年限短，技术水平低，现场经验缺乏。在高压加热器水侧放水到地沟处冒汽的情况下，没有根据现场高压加热器水、汽侧压力及温度变化趋势认真进行综合分析判断，更没有进行揭开沟盖板进行直观检查确认，而是依据"8月13日在3号高压加热器检修时有类似现象"的经验，主观认为汽侧剩余蒸汽漏入高压加热器水侧所导致，就盲目办理工作票许可手续，是事故发生的主要原因。

（3）项目部原工作负责人李×工作年限短，技术水平低，经验不足。在发现高压加热器水侧放水到地沟处冒汽的情况下，没有进行揭开沟盖板进行直观检查确认，便主观认为高压加热器水侧的水已放尽，具备开工条件，便安排交代临时工作负责人拆开人孔门进行高压加热器降温，是此次事故发生的次要原因。

（4）项目部的3名检修人员违反《电业安全工作规程》（热力机械部门）中3.2.5规定"检修前必须把热交换器内的蒸汽和水放掉，……，避免正对法兰站立，以防有水汽冲出伤人"，正对人孔门进行检修作业，是事故发生的次要原因。

（5）运行人员在做检修需要的安全措施时，高压加热器水侧放空气门和放水门起初由于水侧压力大没有全开，在放水门水侧压力降低的情况下始终没有全部开启，工作不够细致是事故次要原因。

（6）2号高压加热器水侧无压放水管没有放水观察漏斗，直接排到地沟，缺乏直观有效的判断手段。高压加热器水侧无压力表，影响了运行人员的判断，是事故的次要原因。

（7）2号高压加热器人孔门为圆形自密封结构，密封门芯由门口四合环限位。限位四合环一旦拆下，人孔芯就会形成具有2个自由度的活塞，在取人孔芯时无法判断是否有水，若壳体内有水，取人孔芯时水就会向外直向喷出。是事故扩大的主要原因。

（8）项目部检修人员执行危险点控制措施不严，其中一条控制措施是"检修时确认系统无压后、管壁温度低于50℃方可工作，正确使用防护用品"。但在实际工作中，既没有在温度降到50℃就开始工作，也没有穿防烫服、戴防烫面罩，是事故扩大的原因。

（9）该高压加热器人孔门位置较高，需要搭设脚手架进行检修工作，作业空间狭小，躲闪空间不足，是事故发生的次要原因，也是事故扩大的原因。

附录 名词解释

一、安全基本概念

1．安全生产

安全生产即生产过程中的安全，是指在社会生产活动中，通过人、机、物料、环境的和谐运作，使生产过程中潜在的各种事故风险和伤害因素始终处于有效控制状态，不发生工伤事故、职业病、设备或财产损失，切实保护劳动者生命安全和身体健康。

2．安全生产方针

电力企业现场安全生产必须坚持"安全第一，预防为主"的基本方针。要求在生产过程中，必须坚持"以人为本"的原则。在生产与安全的关系中，一切以安全为重，安全必须排在第一位。必须预先分析危险源，预测和评价危险、有害因素，掌握危险出现的规律和变化，采取相应的预防措施，将危险和安全隐患消灭在萌芽状态。施工企业的各级管理人员，必须坚持"管生产必须管安全"和"谁主管，谁负责"的原则，全面履行安全生产责任。

3．安全生产管理

针对人们在生产过程中的不安全问题，运用有效的资源，发挥人们的智慧，通过人们的努力，进行有关决策、计划、组织和控制等活动，实现生产过程中人与机器设备、物料、环境的和谐，达到安全生产的目标。

安全生产管理的基本对象就是企业的员工，涉及企业中的所有人员、设备设施、物料、环境、财务、信息等各个方面。包括安全生产管理机构和安全生产管理人员、安全生产责任制、安全生产规章制度、安全生产策划、安全生产培训教育、安全生产档案等。

4．安全生产责任制

包括企业行政正职在内的各级领导、各职能部门、各专业工种、各生产岗位为保证安全生产，制订明确的安全职责，做到各负其责，密切配合，调动一切积极因素，从各个方面为安全生产创造条件，保证安全生产。

5．电力生产安全

(1) 人身安全。在电力生产中首先要确保的是人身安全，杜绝人身伤亡事故。

(2) 设备安全。在确保人身安全的同时要确保设备的安全，保证设备正常可靠运行，保护国家和人民的财产不受损失。

(3) 电网安全。保证生活和生产用电，消灭电网事故的发生，构建"坚强的电网"。

6．安全与危险

安全与危险是相对的概念。危险是指系统中存在导致发生不期望后果的可能性超过人们的承受程度。安全是指人员免遭不可承受危险的伤害，即无危则安。

7．危险源

危险源是指可能造成人员伤害、疾病、财产损失、作业环境破坏或其他损失的根源或状态。重大危险源是指长期地或者临时地生产、搬运、使用或者储存危险物品，且危险物品的数量等于或者超过临界量的单元。

8．本质安全

本质安全是指设备、设施或技术工艺含有内在的能够从根本上防止发生事故的功能。具体包括以下三方面的内容：

(1) 失误—安全功能。指操作者即使操作失误，也不会发生事故或伤害，或者说设备、设施和技术工艺本身具有自动防止人的不安全行为的功能。

(2) 故障—安全功能。是指设备、设施或技术工艺发生故障或损坏时，还能暂时维持正常工作或自动转变为安全状态。

上述两种安全功能应该是设备、设施和技术工艺本身固有的，即在它们的规划设计阶段就被纳入其中，而不是事后补偿的。本质安全是安全生产预防为主的根本体现，也是安全生产管理的最高境界。实际上由于技术、资金和人们对事故的认识等原因，到目前还很难做到本质安全，只能做全社会为之奋斗的目标。

9．海因里希法则

美国著名安全工程师海因里希通过统计了 55 万件机械事故，对其中工伤事故的发生概率分析后提出的 300∶29∶1 法则。即当一个企业有 300 起隐患或违章，必然要发生 29 起轻伤或故障，另外还有一起重伤、死亡或重大事故。

10．违章

在生产过程中，违反安全生产法律法规、规章制度等，可能对人身、电网和设备构成危害并容易诱发事故的管理的不安全作为、人的不安全行为、物的不安全状态和环境的不安全因素。

（1）装置违章：生产设备、设施、环境和作业使用的工器具和安全防护用品不满足规程、规定、制度、反事故措施等的要求，不能可靠保证人身和设备安全的不安全状态和环境的不安全因素。

（2）行为违章：指在施工、运行、检修等生产活动过程中，违反保证安全的规程、规定、制度、反事故措施等的不安全行为。

（3）管理违章：各级领导、管理人员，不履行岗位安全职责，不落实安全管理要求，不健全安全规章制度，不执行安全规章制度的各种不安全行为。

11．两个事故本源

"违"与"误"是导致生产安全事故的两个根本原因。

12．三个百分之百

确保安全，必须做到人员的百分之百，全员保安全；时间的百分之百，每一时、每一刻保安全；力量的百分之百，集中精神、集中力量保安全。

13．以"三铁"反"三违"

以"铁的制度、铁的面孔、铁的处理"反"违章指挥、违章作业、违反劳动纪律"。

14．杜绝"三高"

杜绝"领导者高高在上、安全生产高枕无忧、规章制度束之高阁"。

15．安全生产三级教育

三级安全教育是指企业新员工上岗前必须进行的厂级安全教育、车间级安全教育和班组级安全教育，经教育培训合格后方可上岗。

16．四个凡事

凡事有人负责；凡事有章可循；凡事有据可查；凡事有人监督。

17．两措

反事故技术措施、安全技术劳动保护措施。

18．两票三制

工作票、操作票；交接班制、巡回检查制、设备定期试验轮换制。

19．两穿一戴

穿工作服、工作鞋；戴安全帽。

20．三讲一落实

指班组在组织生产工作过程中，在讲工作任务的同时，要讲作业过程的安全风险，讲安全风险的控制措施，并抓好安全风险控制措施的落实。

21．三交三查

三交：交工作任务、交安全措施、交技术。

三查：查着装是否符合规定，查安全工器具是否符合要求，查精神状态是否良好。

22．作业现场"四到位"

人员到位、措施到位、执行到位、监督到位。

23．作业前"四清楚"

现场作业保证任务清楚、危险点清楚、作业程序清楚、预防措施清楚。

24．作业过程"四不伤害"

不伤害别人、不被别人伤害、自己不伤害自己，保护他人不受伤害。

25．消防四个能力

检查消除火灾隐患能力、扑救初起火灾能力、组织疏散逃生能力、消防宣传教育能力。

26．四懂四会

懂本岗位的火灾危险性、懂预防火灾的措施、懂扑救火灾的方法、懂逃生的方法；会使用消防器材、会报火警、会扑救初起火灾、会组织疏散逃生；

27．报火警的四要素

火灾地点、火势情况、燃烧物及大约数量、报警人姓名及联系电话。

▌二、事故基本知识

1．事故

事故是指造成人员死亡、伤害、职业病、财产损失或者其他损失的意外事件。

2．事故隐患

事故隐患泛指生产系统中违反安全生产法律、法规、规定、规章、标准、规程和安全生产管理制度的规定，或者其他因素在生产经营活动中存在的可能导致事故发生物的危险状态、人的不安全行为和管理上的缺陷。

3．四级控制

四级控制指企业控制重伤和事故，不发生人身死亡、重大设和备电网事故；车间控制轻伤和障碍，不发生人身重伤和事故；班组控制异常和未遂，不发生人身轻伤和障碍；个人控制差错和失误，不发生人身未遂和异常。

4．事故调查

事故调查是指及时、准确地查清事故经过、原因和损失，通过保护事故现场、收集原始资料，查明事故性质，认定事故责任，总结事故教训，提出整改措施，并对事故责任者提出处理意见。

5．"四不放过"

事故原因不清楚不放过；事故责任者和应受教育者没有受到教育不放过；没有采取防范措施不放过；事故责任者没有受到处罚不放过。

▌三、事故分类

1．一般事故

一般事故是指造成 3 人以下死亡，或者 10 人以下重伤；或者 300 万元以上，1000 万元以下直接经济损失的事故。

2．较大事故

较大事故是指造成 3 人以上 10 人以下死亡，或者 10 人以上 50 人以下重伤；或者 1000 万元以上 5000 万元以下直接经济损失的事故。

3．重大事故

大事故是指造成 10 人以上 30 人以下死亡，或者 50 人以下 100 人以下重伤；或者 5000 万元以下 1 亿元以下直接经济损失的事故。

4．特别重大事故

特别重大事故是指造成 30 人以上死亡，或者 100 人以上重伤；或者 1 亿元以上直接经济损失的事故。

▌四、电力生产现场常见事故

1．触电

触电指电流对人体伤亡和雷击伤亡事故。

2．高处坠落

高处坠落指在高处作业时发生的坠落造成人员伤亡的事故。

3．起重伤害

起重伤害指各种起重设备的作业，包括起重机械在安装、维修、试验时发生的挤压、坠落、物体打击和触电等。

4．物体打击

物体打击指物体在重力或其他外力作用下产生动力，从而打击人体造成的人身伤亡事故。

5．机械伤害

机械伤害指是机械设备运动（或静止）部件、工具等直接与人体接触造成夹击、碰撞、剪切、卷入、绞、碾、割、刺等伤害造成的事故。

6．坍塌

坍塌指物体在外力或重力作用下，超过自身的强度极限或因结构稳定性破坏而造成的事故，如挖沟时的土石塌方、脚手架坍塌、堆置物倒塌等。

7．灼烫

灼烫指火焰烧伤、高温物体烫伤、化学灼伤、物理灼伤伤亡事故。

8．淹溺

淹溺涉水作业造成的伤害，包括高处坠落淹溺。

9．化学性爆炸

化学性爆炸指可燃气体、粉尘等与空气混合形成爆炸性混合物，接触爆炸能源时发生的爆炸事故。

10．物理性爆炸

物理性爆炸如锅炉爆炸、压力容器爆炸事故。

11．中毒和窒息

中毒和窒息指中毒、缺氧窒息、中毒窒息等。

12．车辆伤害

车辆伤害指企业机动车辆在行驶中引起的人体坠落和物体倒塌、下落、挤压伤亡事故。